共享『碳福』

揭秘绿水青山里的『福』文化

陈春彦 等 著

中国轻工业出版社

图书在版编目（CIP）数据

共享"碳福"：揭秘绿水青山里的"福"文化 / 陈
春彦等著 . —北京：中国轻工业出版社，2025.3
ISBN 978-7-5184-5063-3

Ⅰ . X321.257

中国国家版本馆 CIP 数据核字第 2024X9A101 号

责任编辑：杨　迪　责任终审：滕炎福　封面设计：锋尚设计
策划编辑：张　弘　责任校对：朱燕春　责任监印：张京华
版式设计：华　艺

出版发行：中国轻工业出版社（北京鲁谷东街 5 号，邮编：100040）

印　　刷：北京君升印刷有限公司

经　　销：各地新华书店

版　　次：2025 年 3 月第 1 版第 1 次印刷

开　　本：710×1000　1/16　印张：11

字　　数：200 千字

书　　号：ISBN 978-7-5184-5063-3　定价：78.00 元

邮购电话：010-85119873

发行电话：010-85119832　010-85119912

网　　址：http://www.chlip.com.cn

Email：club@chlip.com.cn

目　　录

绪言　缘何说碳福

这是一本关于"福"文化的书，希望它能给您带来福气。与传统"福"文化相比，"碳福"多了一层绿色，因为它源于生态文明建设实践给人民生产和生活带来的改变，它深藏于绿水青山中，与传统"福"文化一脉相承。

"碳"本无好坏高下之分。作为地球上极其重要的元素之一，碳在自然界中的流动构成了碳循环。植物吸收大气中的二氧化碳，通过一系列的生物和化学反应生成植物体内的碳化合物，是碳循环的重要环节。福建省在生态文明建设实践中，保护和恢复了大量可以固碳的绿水青山，越来越多的碳从大气中回到森林和海洋中，让福建有了更多更丰富的生态产品，形成可观的碳汇价值，给八闽大地的人民带来了实在的收益和幸福感。本书将此种新时代的幸福感称为"碳福"。

本书所谈之"福"有三层含义：一是福建省之"福"；二是"福"文化之"福"；三是生态文明建设之"福"，即本书所指"碳福"。对三个"福"字的思考，形成了撰写本书的初心。其中，"福"文化是本书的内涵依托，共享碳福是本书的价值追求，八闽大地上丰富多彩的生态文明实践，构成本书的核心。

书中有两个可爱的卡通人物："碳碳"和"福福"。他们结伴环游八闽大地，成为习近平生态文明思想在福建大地开花结果的见证者，也是碳福不断融入、丰富并燃爆"福"文化的信使。

一、福建之福

只有到了福建，您才会发现，原来"福"字可以运用得如此广泛，不仅省名包含福字，地、市、县、区、乡、镇以及道路、河流、桥梁等各类名称中随处可见"福"字。以县级市福清为例，它因地处福建省福州市，而自称为"三福"之地，其市区的主要街道均以"福"字始，如福和、福昌、福人等。此类现象遍布省内，体现当地群众对美好生活的向往，形成了既具普适性又包含福建特色的"福"文化。"八山一水一分田"，山清水秀，物种高度丰富；海域面积广阔，海岸线长度居全国第二，海洋生物种类繁多。这种良好的自然生态系统是大自然的恩赐，也是广大干部群众长期以来精心保护和建设的结果。[①]基层调研发现，八闽大地一系列生态文明实践成果已点燃人们探究"福"文化生态内涵的激情，福建干部群众谈及当地生态文明成果时，常常掩不住自豪地讲述以下事实：

一是，福建省是习近平生态文明思想的重要孕育地和实践地。[②]调研发现，省内生态环境的重大变化均与习近平总书记的关怀密不可分。长汀如此，三明如此，武夷山如此，湄洲岛如此，木兰溪如此，宁德、福州、厦门更如此。生态环境改善作为最为普惠的民生福祉，在福建已经取得实实在在的成效，生态文明实践日益丰富着"福"文化的内涵。对此，"碳票当嫁妆"的佳话发源地，三明市将乐县常口村的村民们最有感触（图1）。早在1997年，时任福建省委副书记的习近平同志到常口村调研时就叮嘱当地干部和群众："青山绿水是无价之宝。"[③]如今，这九个大字被篆刻在村头的巨石上（图2），当地群众对此充满了自豪感和幸福感。

① 孙春兰.坚持科学发展建设生态文明——福建生态省建设的探索与实践[J].求是，2012年第18期，第17–19页。

② 福建省人民政府关于印发深化生态省建设 打造美丽福建行动纲要（2021—2035）的通知[Z].福建省人民政府公报，2022年12月20日。

③ 习近平生态文明思想理论与研讨会平行分论坛发言摘编[N].福建日报，2022年4月26日，第1版。

图 1 可以当嫁妆的碳票成为"碳福名片"

图 2 常口村立碑铭记"青山绿水是无价之宝"的嘱托(蓝华秀 摄)

二是,福建省是首个国家生态文明试验区。经过多年的接续奋斗,截至 2022 年底全省圆满完成了国家生态文明试验区重点改革任务,木兰溪治理、生态保护补偿等 39 项改革举措和经验做法向全国复制推广,河湖长制、林长制全面推行,生态文明指数全国第一,全省森林覆盖率连续 43 年居全国首位。①

① 赵龙.2023 年福建省人民政府工作报告〔N〕.福建日报,2023 年 1 月 20 日,第 1 版。

三是,基层创新实践丰富。福建各个地区都有自己的故事。长汀人民津津乐道于习近平同志捐种的象征着中国生态文明发展成就的香樟树,诉说着"火焰山"变"花果山"的绿色奇迹;环武夷山国家公园保护发展带建设蓬勃发展;武平有理由为中国"林改第一县"的荣誉而骄傲;邵武等地相继获得"绿水青山就是金山银山"实践创新基地称号;厦门的低碳城市规划曾令世界为之一亮,"海上花园"城市正成为生态文明建设的样板;闽江口生态保护在福建师范大学刘剑秋教授等学者的关注下生机盎然;漳州立足"水城、绿城、花城、历史文化名城"特色,打造"田园都市、生态之城";宁德打造生态宜居海湾城市;平潭保护好生态环境"真宝贝"等,[①] 不一而足的基层创新实践,能够让生态文明的知识传播更加形象生动。

二、"福"文化之福

"福"文化可以从两个层面理解。广义地讲,它体现了中国人民对福的共同向往,为福而努力拼搏的精神,代表着人世间一切美好的事和物,象征着人们最质朴的心愿和期待。狭义地讲,它指福建人民在追求幸福生活中形成的文化传统、习俗和价值观等,体现了浓郁的区域文化特色。近年来,福建大力实施"福"文化传承发展工程,以"劳动创造幸福,奋斗就是幸福和为民造福、增进福祉"为主题,组织举办"福"文化主题春晚、文创大赛,推出系列"福茶""福酒"和"福"文化旅游线路,让广大人民群众在生活品质提升的过程中,更多体验民生发展带来的幸福感。[②]

显然,"福"文化不是一个固化保守的概念,而是一个积极开放的概念。福建省从广义的福文化中提出基于省情的"福"文化,本身便

① 福建省人民政府关于印发深化生态省建设 打造美丽福建行动纲要(2021—2035)的通知 [Z].福建省人民政府公报,2022 年 12 月 20 日。

② 王洋.福建代表团新闻发言人张彦:让"福"文化浸润人民群众幸福生活 [N].中国旅游报,2022 年 10 月 20 日,第 1 版。

是一种创造，它的形态和内涵均会在实践中不断被丰富和扬弃。一定程度上说，福文化不仅需要传承，更需要创新，需要及时反映时代的新内涵。福建省生态文明的丰富实践必然会投射到"福"文化中，形成新的幸福体验。因此，本书提出"碳福"概念。

三、碳福之福

当"碳碳"与"福福"两个小精灵成为亲密无间的朋友时，一个环境友好型的宜居宜业的社会便形成了。本书所指的碳福也自然形成，完全可以称之为"生态之福"，因为它是在生态文明实践中形成的一种幸福感，区别于原始文明、农业文明和工业文明时代的幸福。

但"生态之福"或许容易让人觉得太过于学术，选择生态文明建设中的一个关键词"碳"来为之命名，或许更形象、更具有科普的功能，也便于记忆。毕竟，在生态文明建设中，人们不免要说起碳排放、碳达峰、碳中和、蓝碳、绿碳、灰碳等与碳相关的概念。当人们理解到"碳"与福的关系后，或许就不那么排斥"碳"。在此情景下，"碳碳"与"福福"才能携手与共，形成碳福。当然，碳与生态文明之间不能简单画等号，生态文明的内涵更丰富，外延更宽广。

本书以"碳福"指代"生态之福"，相当于用"红领巾"指代"少先队员"。虽然"碳福"与"生态之福"并非字面意义上的一致，但这种因碳而形成的幸福感却是实实在在的。比如，林权改革中形成的"山定权、树定根、人定心"的改革效果，就是一种生态之福，因为任何一种福都比不上人民的心安。随着碳达峰碳中和行动方案的实施，碳福会不断显现和增加。同样，碳福并非老天爷赏饭，它需要我们付出和努力，需要通过长期艰苦的劳动与拼搏才能获取。在此意义上，它和"福"文化是一脉相承的。福不会从天而降，碳福亦如此。

四、共创碳福

实现"碳碳"与"福福"的相识、相知与相守，从而创造新时代生态文明之福并非易事。本书以碳福为切入点，及时总结福建生态文明建设经验和社会效果，既有利于在全社会形成关心、重视和全面参与生态文明建设的舆论氛围，又有利于丰富"福"文化的内涵，具有重要的社会意义和学术意义。

一是，首次提出碳福概念，赋予"福"文化以生态内涵。"福"文化是充满幸福感的福建文化，是中华传统福文化的重要组成部分。以"福"文化彰显福建特色、展现新福建之福，是福建省委省政府做出的重大决策。为此，中共福建省委宣传思想工作领导小组办公室制定并印发了《关于推动"福"文化资源转化利用 打响福建"福"文化品牌的实施方案》，提出强化"福"文化研究阐释、构建"福"文化标识品牌体系等重点任务，让福建"福"文化品牌成为国内叫得响、国际有影响的特色知名文化品牌。"福"文化是一个不断发展的概念，其内涵随着时代的变化不断丰富。本书以碳福统称福建基层群众在生态文明实践中获得的一种新型幸福感，赋予"福"文化以生态内涵。既能提升全民的生态文明意识，又能体现"福"文化的时代意义，展现新福建今非昔比之"福"，构建共享碳福的共识。

虽然碳福的最初表现形式是"碳票变钞票""卖空气也能赚钱"，但其内涵远不止于此，它是福建省作为第一个国家生态文明试验区给人民群众带来的各种幸福感的总和。碳福概念的提出与赋义，符合"福"文化的价值内涵，能够将生态文明成果与"福"文化有机结合，形成相得益彰的动员和传播效果。

二是，探索生态文明研究的新型叙事方式。一方面，丰富多彩的生态文明实践已经开始惠及人们的生产和生活，及时提炼干部群众在生态文明实践中的获得感和幸福感，使之更加显现，可以激活公众参与生态文明建设的内生动力。另一方面，当人们被生态文明、碳排放、碳达峰、碳中和等概念和名词所困扰时，碳福便难以发现和形成。特别是在广大农村地区，作为守护绿水青山的重要主体，乡村干部群众亟须借助社会科学普及活动，认识到生态文明建设是幸福生活不可或缺的一部分。

本书精心设计了两个可爱的卡通形象"碳碳"和"福福"，通过他们的对话与观察，将生态文明实践融入福建人民熟悉的"福"文化。以"福"字为引领，能够增强人民群众对生态文明的亲近感和参与其中的自觉性，有利于动员更广泛的社会力量，促进"六个福建""建设美丽中国示范省"。同时，本书尝试以探秘的形式，以普通人在生态文明中获得的幸福感为主线，阐述生态文明建设对幸福生活的重要意义，更接地气，更易深入人心。

三是，向世界展示福建生态文明建设成果。生态文明建设是"五位一体"总体布局的重要组成部分，是实现"美丽福建""幸福福建"的必由之路。福建省生态文明试验成果应得到及时总结，以传播"福建经验"。本课题组在国家图书馆阅览室搜索相关读物时发现，现有相关研究非常丰富，特别是以广东、北京、河北等地生态文明实践为研究对象的成果均已上架，但面向大众的普及性读物仍然较少，更缺乏以福建经验为研究对象的生态文明研究成果。本书愿为传播福建省生态文明实践成果尽绵薄之力，并借此向全世界展示独具特色的福建"福"文化的新内涵——碳福。

本书主要内容分为五大部分：

1. 发现：从大家关心的概念和名词入手，回答"碳福在哪里"；

2. 结缘：解释福建为什么能够成为首个国家生态文明试验区，率先感受到碳福；

3. 揭秘：分享福建人民体验碳福的典型场景；

4. 保障：讨论共享碳福的制度建设；

5. 展望：描绘共享碳福的愿景、路径和被碳福点燃的"福"文化。

此外，后记部分思考共享碳福的渐进性，回顾本书初心，致谢本书的贡献者。

第一章　发现：碳何以为福

图 3　碳福初遇，碳碳为何哭泣？

　　碳碳是大自然的精灵，有上天入地之本领，且有千变万化之形态，堪比传说中的孙悟空。可是，近年来，碳碳有点抑郁了，常常唉声叹气、自言自语："为什么有人这么讨厌我，要'降碳''限碳'，难道我真的没有用处吗？我有那么坏吗？"

　　福福是人见人爱的人间小精灵，走到哪里，哪里便充满欢乐、祥和、安康。她特别爱那些勤劳、勇敢、聪明、善良、热爱和平的人，也经常会关心那些面临不幸、身处困境、需要帮助的人，让他们看到希望和未来。

这一天，两个小精灵相遇了。向来热情、主动、积极的福福问候道："嗨，你好，我是福福。"

有点灰心的碳碳有气无力地回答道："你好，我是碳碳，但是我不好。"（图3）

"为什么呢？难道你不觉得幸福吗？"福福关心地问道。

"我本来觉得挺幸福的，可是现在听说大家都不喜欢我了。"碳碳忍不住叹了口气。

"为什么呢？"福福好奇地问。

"大概因为我的名字叫'碳碳'吧。"碳碳无可奈何地回答道。

"碳碳，多响亮的名字啊！我可不觉得叫碳碳有什么不好。"

"难怪你这么开心呢，因为大家都喜欢福字！"碳碳好像发现了什么似的。

"这倒是真的，人人都喜欢福。不过福要靠自己争取。谁努力，我就常去那里做客。你听说过'爱拼才会赢'吗？"

"听说过啊！这是一首流行歌。还有一部电视连续剧的名字也叫《爱拼才会赢》，讲的是福建晋江人在改革开放中敢拼、爱拼、善拼的故事。其实，我也挺拼的，我做的事可不少呢！你也到我这里来做客吧。"说到拼，碳碳深有感触，大胆地向福福发出邀请。

"不如现在说说你的故事，看看我们能不能学习晋江人，拼出自己的幸福感。"福福最喜欢敢拼的人，所以想激励一下碳碳。

"好啊！要不要先给我们的幸福感起个名字，叫'碳福'如何？"就像晋江人迎接改革开放时的兴奋，碳碳一下子来了精神，此前的萎靡与抑郁顿时消失，小精灵的聪明劲儿恢复了。

"碳福，多有意思的名字！既然我们要学习晋江精神，那就从福建开始，边看边聊吧。"福福也觉得这件事很有趣，马上就答应了。

究竟碳碳和福福在八闽大地看到了什么，交谈了什么，见到了谁，拼出碳福了没有呢？让我们一起来看看。

第一节　碳为何物

　　碳碳："当人们说起我时，容易将炭和碳混淆，这两个字虽然都读'叹'，但两者是有很大区别的。一个有石字旁，一个没有。据《现代汉语词典》解释，没有石字旁的炭，是我们日常生活中所说的木炭的通称，在方言中与煤同义。比如，炭化也叫煤化，都是指古代的植物埋藏在沉积物里，在一定的压力、温度等作用下，逐步变成煤的过程。"

　　福福："同音字有时还真容易混淆呢。不过要想记住也不难，福福有技巧！碳碳是含石字旁的碳，是一种化学成分，比如人们日常呼吸中吐出的二氧化碳，便包含碳碳。"

　　碳碳："没错！我经常深入人心哦。不，说错了，是出入心肺。虽然我有石字旁，其实人们反而看不见我，人们看在眼里的是没有石字旁的炭。"

　　福福："汉字可真有趣。有石头的碳看不见，没石头的炭被人们用来烧火取暖和做饭。"

　　碳碳："更有趣的是，当没石头的炭燃烧时，就会产生有石字旁却看不见的碳。"

　　福福："难怪有人说你好，有人说你坏；有人为你犯愁，有人因你受益。都是因为你难以被肉眼看见。择日不如撞日，碳碳，你现在就好好地向大家做个自我介绍吧。"

一、碳不可怕

　　在说碳为何物前，我们要先肯定，碳并不可怕，而且必不可少。不妨想一想，大家每天呼吸所需的氧气从哪里来？呼出的二氧化碳又到哪里去了呢？抛开医院的氧气瓶不谈，大自然本身就存在一个氧气和二氧化碳的转换系统，满足人类生存的需要。

　　平时，人们把氧气吸进肺里，然后排出二氧化碳，树叶和小草在太阳光的照射下，吸收二氧化碳，然后产生氧气，大家因此常常将森林称为"天然大氧吧"，热带雨林则被称为"地球之肺"。在这样的循环中，树、草和人类各取所需，共同成长。不仅树和草如此，水稻、小麦、玉米在生长的过程中，均能通过光合作用，吸收光能，把二氧化碳和水合成有机物，同时释放氧气。由此产生的米、面等都离不开碳。所以，人们给这些食物起了一个听起来很有水平的名字——碳水化合物。"少吃碳水化合物"是减肥者的口头禅。

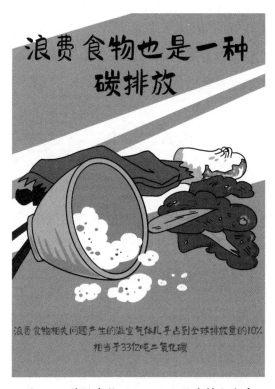

图 4 从节约食物开始，人人做减排小能手

说到这里，需要提醒大家，少吃可以，但浪费食物则是一种无端的碳排放行为（图 4）。有人曾经换算过，世界上浪费粮食排放的二氧化碳占全球二氧化碳总排放量的 10%，约 33 亿吨。如果将其比喻成一个国家，那它就是世界第三大温室气体排放国。可见，节约粮

食不只是一个好习惯和美德，而且还关系全球生态安全。记住，节约粮食就是减少碳排放，让我们从节约开始，人人都争做减排小能手。

当然，我们应该区分碳元素和碳气体。在组成宇宙万物的各种化学元素中，碳元素其实是最为特殊、最为神奇的。它能够形成许许多多结构和性质完全不同的物质。比如，最硬的金刚石和最软的石墨都是它的"作品"，当然还有很多人向往的宝石也含有碳元素。碳在宇宙进化系统中起重要作用，是太阳等恒星发光不可或缺的元素，也是地球上各种有机生命的关键组成元素。这几句听起来有点复杂，但是我们只需要明白：碳元素、碳气体及其化合物与人类息息相关，几乎深入到我们生活的每一个角落，它无处不在，人们一刻也不能与之分开。

既然碳不可怕，我们为什么还要提倡低碳和减碳呢？问题不在于碳元素，而在于我们在生产和生活中排出的含碳的气体，特别是二氧化碳过多，无法被自然界的其他物质及时吸收。大量没有被树、草、海水等吸收的二氧化碳等气体飘荡在空气中，将地球包围住，形成了大家所说的"温室效应"。就好比人生活在塑料大棚里一样，太阳光照进来形成热量，可是热气却无法散出去。这里的二氧化碳、甲烷等气体就是那个"塑料大棚"，它们不仅无法散热，自身还在不断地吸收地球向外散发的热量，相当于给地球又增加了一个"小太阳"。长此以往，地球表面就会升温，南极和北极的冰川就会融化，地球上的海水上涨，就会淹没陆地，人类生存的环境将发生重大变化，一些物种可能会加速灭绝，人类何去何从将成为一个问题（图5）。据测算，在过去的130年中，地球平均升温0.85摄氏度，已经有不少中年人声称，儿时的冬天比如今更冷。

需要说明的是，当人们谈起碳排放、碳达峰、碳中和，主要是指二氧化碳，但又不限于此，它还包括氨氮、二氧化硫、氮氧化物。所幸，人类已经开始思考如何与自然和谐相处，让碳的排放与吸收形成平衡。这就是我们接下来要讨论的"碳中和"。

二、碳可中和

"1+1=0？"没错！图6中碳排放与碳吸收的结果是零，也就是说，人们日常生活、生产和各项社会活动所产生的碳，与树木草丛等植物光合作用所能吸收的碳相等，环境中没有因此增加碳含量。如此，则人类对于碳排放的担忧便自然消失，温室气

图 5　碳排放过多导致地球升温、海水上涨

体效应自然化解。这是一个人与自然和谐相处的理想模式。从碳排放与碳吸收的角度看，当 1+1=0 时，也就实现了碳中和，碳中和也因此被称为"零排放"。

图 6　碳中和就要 1+1=0

有人将"零排放"机械地理解为不排放，那必然会引起"碳碳"的困惑——难道碳没价值吗？人类不需要碳吗？事实并非如此。中国共产党第二十次全国代表大会的报告提出："倡导绿色消费，推动形成绿色低碳的生产方式和生活方式。"[①] 也就是说，我们希望减少碳的排放，因为目前我们的生态环境中已经被排放了大量的碳而无法被及时"中和"。如果我们不改变生活方式，环境中的碳会越来越多，前面所说的温室效应等会不断增强，各类极端天气或将接踵而至。

在人们抱怨恶劣可怕的天灾时，需要反思人自身的行为与天灾的形成是否有关。有学者认为，造成全球生态危机的并非二氧化碳排放，而是造成二氧化碳排放的社会－生态关系。提倡绿色生活方式，通过使用和推广绿色产品、绿色消费、绿色出行、绿色居住等方式，倡导简约适度、节俭低碳的生活方式和生活理念，体现了中国对人类发展方式的深刻反思和构建人类命运共同体的积极行动。

毫无疑问，当我们追求绿色生活时，被贴上"黑色"标签的"碳碳"自然会感觉到被冷落。但这丝毫并不意味着"碳碳"是无用的，或者人类不再需要"碳碳"。人类在总结自身与自然相处的数千年历史后，自觉地意识到，我们需要碳，但我们不能过度地利用含碳资源，过多地排放碳。同时，我们需要大量植树造林，提高碳吸收和碳中和的能力。如此，才能既满足人民群众对美好生活的向往，又避免因为人类自身发展造成碳排放过度，引发生态危机。

举个例子，农业作物所产生的酒精、油料，为什么被称为是"零排放"？这是因为，凡是具有光合作用的农作物在一个年度或者几个年度中通过叶绿素把太阳能转化成碳水化合物，然后人类把这些化合物提炼成酒精或油料，农作物在利用太阳能转化为碳水化合物时，吸

收了二氧化碳，用碳水化合物提炼出的燃料在燃烧时又将二氧化碳排放了出去。在这个过程中，二氧化碳的吸收与排放实现了均衡，实现了碳的"零排放"，而不像燃烧石油、天然气、煤炭等化石燃料那样，把远古时代储存的二氧化碳一次性释放。[①]

如果在农村采取生态改良的办法增加森林覆盖率，或许可以借此补偿城市对环境的破坏。因为，75%以上的二氧化碳气体排放源于城市。现代城市是工业文明的产物，更是工业文明的摇篮，但也是温室气体排放的主因。[②] 由此，我们或许更能理解"绿水青山就是金山银山"的深远意义。

三、碳亦有价

森林是各类植物的天堂，也是"碳碳"主要藏身之处。森林中的植物吸收二氧化碳，从而起到固碳的作用，同时又通过呼吸作用消耗一部分生物质并释放一定量的二氧化碳。人们把植物在光合作用过程中吸收二氧化碳的功能以及其他从大气中清除二氧化碳的过程、活动或机制称为碳汇，把向大气中释放二氧化碳的过程、活动或机制称为碳源。因此，森林既是碳汇，亦是碳源。

碳汇令人欢喜，碳源惹人生厌，森林就是这样的一个既令人喜欢又令人生厌的矛盾体。总体上，森林既是陆地生态系统的主体，也是陆地上最大的碳储库（或称碳库），其碳汇的作用更突出。在森林生长过程中，光合作用总是强于呼吸作用，从而使其生物质不断增加。所以，我们要通过植树造林、修复森林生态等方式，不断增强森林的碳汇功能。[③] 现在，大家或许更清楚，为什么我们要大搞植树造林、绿化祖国运动，为什么绿水青山就是金山银山。

[①]　仇保兴.生态文明时代乡村建设的基本对策［J］.城市规划，2008年第4期，第9-21页。

[②]　同上。

[③]　罗贤宇，黄登良，王艺筱.森林"四库"论：理论脉络、科学内涵与践行路径［J］.东南学术，2023年第4期，第81-91页。

进一步讲，人们欢迎碳汇，不仅因为它减少了空气中的二氧化碳，还能够给拥有、保护碳汇者带来实实在在的收入。目前，随着碳排放碳中和行动方案的不断深入推进，碳汇作为一种生态产品，得到了迅速发展。从林业碳汇到海洋碳汇、农业碳汇，碳汇的产品形态越发多元；从抵消企业碳排放到会议碳中和、消除碳足迹，碳汇的应用场景持续拓展；从碳汇交易到碳汇贷、碳汇险，碳汇的市场体系日臻完善，碳的价值由此不断彰显。

以福建省为例，三明市率先开发的"林业碳票"，成功破解了生态产品价值实现中难度量、难抵押、难交易、难变现的"四难"问题，三明市将乐县常口村已经成为"中国碳票第一村"，甚至有人将碳票作为女儿出嫁时的嫁妆，成为人们幸福生活的一部分。①

不过，除了森林和草地外，土壤和海洋也是庞大的"碳库"，对它们的科学保护、开发和利用，对人类社会生态文明建设都有重要的意义。目前，全国碳排放权交易市场年覆盖二氧化碳排放量约 51 亿吨，纳入重点排放单位 2257 家，成为全球覆盖温室气体排放量最大的碳市场。

四、碳福问答：零排放是不排放吗？

碳碳："福福，你听到没有，学者们说人类并没有要放弃我，而是要节约我的能量。而且，已有越来越多的人重新认识我的价值了！"

碳碳的心情开始转好了，不过，有一些话它还不是很理解。这下轮到福福露一手了。

福福："碳碳，学者们在研究问题的时候，总喜欢用一些术语，并不是为了显示自己学问的高深，主要是因为怕被误解或者被想当然地理解。比如，有人把零排放理解为不排放。其实，每个术语都有自己特定的意思呢。"

---

① 全国碳排放权交易市场建设取得四方面成效［EB/OL］.中国政府网，2024年2月26日，https://www.gov.cn/xinwen/jdzc/202402/content_6934269.htm。

碳碳："那前面提到的碳中和是什么意思呢？"

福福："碳中和是节能减排术语，是指企业、团体或个人测算在一定时间内，直接或间接产生的温室气体排放总量，通过植树造林、节能减排等形式，抵消自身产生的二氧化碳排放，实现二氧化碳的零排放。"

碳碳："原来是靠正负抵消达到相对的零排放，实际上并非不排放。那什么时候可以实现碳中和？"

福福："中国承诺在 2060 年前完成深度脱碳，参与碳汇，实现碳中和的目标，为了早日实现这一目标，我们要一起加油！"

第二节 福在何方

福福："碳碳，难怪你会感到委屈。其实是很多人误解你，也不珍惜你，让你到处流浪，没有树儿、草儿供你落脚，好像你真的没有价值似的。"

碳碳："没事的，我已经习惯被误解。但是也有好消息！听说人们已经开始重视植树造林，我对未来的事业充满了希望呢！"

福福："我想也是。你知道吗？追求幸福是人类共同的目标，人们逐渐会认识到，碳福也是值得追求的。"

碳碳："说到这里我也很好奇，什么是福？福从哪里来，又以什么样的形式融入人类生活里呢？为什么大家都这么喜欢福福？人类究竟在寻觅什么样的幸福呢？哎呀，一不小心成了十万个为什么。"

福福："哈哈，碳碳真好学。不过，这福字的历史可就说来话长了，容我慢慢讲给你听。"

一、源远流长的福字

"幸福的家庭都是相似的，不幸的家庭各有各的不幸。"[①] 这是俄罗斯作家托尔斯泰在著名小说《安娜·卡列尼娜》中的开篇之句，常常

---

① ［俄］列夫·托尔斯泰.安娜·卡列尼娜［M］.周扬，谢素台译，北京：人民文学出版社，1989 年第 3 版，第 1 页。

引起许多读者的共鸣。因为它一语道出古今中外人们对幸福感知的高度一致性和不幸体验的复杂性。比如，无论中外，人们均认同健康、长寿、富裕、和睦、安宁是构成幸福生活的重要组成部分，有人因为其中一点而感到幸福，有人因为同时拥有多种而倍感快乐。同样，人们也通常将鲜花、微笑、举杯畅饮等作为表达幸福的方式。所以，我们可以很容易得出一个结论：幸福就在我们身边，它融入我们生活的方方面面，有时一眼便能发现，有时则需要用心体会。

回顾历史，我们可以发现，千百年来，集万般美好于一字的，只有"福"字。它具有遍在性、时代性和创造性。换句话说，在历史的长河中，它无时不有、无处不在、无人不爱，而每个时代、每个地方、每个人都可能拥有各自关于福的理解和偏好。崇福、尚福、祈福、盼福、造福、享福是中华民族的传统，其核心意义集中于源远流长的"福"字上。迄今，考古学家已经发现4500个甲骨文，人们能够辨识的有2500字。其中，造型各异的"福"字有200多个，居单字数量之首。

"福"字最早的表现形态是"会意"结构，由"手""酒""示"三部分组成，表示双手虔诚地捧着酒樽来敬神，在字体演化过程中，还曾在象征酒樽的"畐"两侧分置两个背对背的人形，类于"北"，突出人的作用，后来被简化（图7）。但"酒"始终存在，据说，祭神者在醉意迷幻中能够达到通神的效果，进而代表祭祀者祈求赐予风调雨顺、五谷丰登、安康长寿等。长此以往，"福"字成为中国汉字中集万般美好于一体的唯一文字符号，并由此衍生了许多与福祉同义的文字，

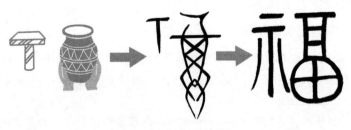

图7　福字的不断演变

如祯、祥、礽、禠、祚、禔、禧、祜等，民间常用的吉语还有寿、禄、安、迪、康、健、和、平、绥、靖、裕、泰、顺等与福近义的词。

如果从甲骨文"福"字算起，有文字记载的人们对幸福生活的向往已经具有3000多年的历史。历史研究表明，早在甲骨文诞生之前，中华民族的先人们已经开始为幸福生活与自然进行斗争，盘古开天辟地、精卫填海、女娲补天的神话传说虽然尚难考证，却真实反映祖先们在自然灾害面前无所畏惧，勇于自我牺牲，造福子孙后代的文化传统。大禹治水的故事则更加真实地反映远古时代人们兴修水利、开发农业的壮举。在中华民族的5000年的历史长河中，人们赋予"福"字无限的想象和力量，也在用自己的双手努力创造不同时代的福气、福运和福分。"福"成为数以万计的人终身追求的目标，人们不仅祈求自己有福，还希望福荫子孙后代。正是一代代中华儿女的孜孜以求，让福作为一种文化绵延不断，不断被扩大、丰富、传承与创新，成为个人、家庭、民族和国家求生存、图发展、谋未来的精神动力，更成为"中国人集体意识和情感认同中最执着的守望"[①]。

二、古今同求的五福

究竟何为福？古往今来的阐释、说明和引申不胜枚举。其中，"五福"是最具代表性、最具生命力的一种描述，它至今为人们所祈盼、传播和追求。只不过，关于五福的解释各有不同，并分别形成了相应的幸福观。

五福最早记载于《尚书·洪范》。文中称，商被灭以后，周武王向商纣王的叔叔箕子请教治国安邦的战略，箕子提出"九畴"观。九畴的最后一畴便是"向用五福，威用六极"。其中，"向"字也写成"飨"。所谓"五福"，一曰寿、二曰富、三曰康宁、四曰攸好德、五曰考终命。其实，这五福并非箕子的独创，但他首次对其进行了整理，使之成为一种体系。五福思想对后世影响至深，贯穿于治国理政、修

---

① 福建省政协文化文史和学习委员会、福建省炎黄文化研究会编，福建传统的福文化 [M].福州：福建人民出版社，2022年7月，第12页。

身齐家等过程，并不断踵事增华，至今已融入我们生活的方方面面。今日之福建省福安市，即于宋理宗御批"敷制五福，以安一县"后，从宁德析置为县，首任县令解读御旨为"自求多福，修己以安"。一言道出基层社会治理的最高准则——国泰民安就是"福"。

福是无形的，不可见的，存在于人们的感觉中，所以有福气、福运、福命之说，古代统治者借福作隆礼祭祀，求佑于天地鬼神，祝愿国祚永久、国泰民安、社稷永固、子孙永继。作为农耕民族的初民，追求的是康宁吉祥，风调雨顺、五谷丰登、六畜兴旺和民生安泰。

翻阅中国数千年历史，据说，真正五福俱享者唯有文武兼备的郭子仪——当过将军，做过宰相，既有功名富贵，又安宁长寿，而且儿孙满堂，德行高尚，名标青史。明代福清籍宰辅叶向高告老还乡后，将家乡的郭庐山改为福庐山，使自己成为另一重意义上的五福老人，即福建省、福州府、福清县、福唐里、福庐山老人。当然，这些都是传统意义上的五福之人。

从字面上看，五福的意思明晰，但在后世的理解上，仍然略有不同，主要表现在对五福的关系理解上。在箕子的《九畴》中五福与六极居末位，容易给人一种错觉，似乎福在古代治国理政中不够重要。对此，福建莆田人，明代经学家、书法家马明衡提出，五福居《九畴》之终，并非不重要，而是最重要，是"为治之极功"。他说"五福者，谓使天下之人皆至臻五福，而不至于六极也。使天下人之皆臻五福，此为治之极功，故以居九畴之终焉。""五福全，则皇极在其中。"至于何以能够"五福临门"，同光派诗人中的闽派首领陈衍于 1928 年为福州茶商洪天赏七十双寿（老夫妻同龄同祝寿）作寿序时称，除"攸好德"是个人能自主外，其他均听天由命。

"听天由命"曾经是古代中国传统思想中颇具影响力的理念。对此，明末清初的"启蒙思想家"王夫之将命分为"德命"和"福命"，认为人应当修德以造福命。在他看来，"人之有生，天命之也。生者，德之成也，亦福之事也"。因此，命运是由本人自造，有人在造福，有人在造孽，其结果当然不一。他明晰地阐述了福清于德，因于德，也取之于德的道理。王夫之对德与福关系的创新性解释扫除了宿命论的阴霾，澄清了理性思想的天空。同时，他还提出"性日生日成"，打破了古代"性善论""性恶论"的固有樊篱，解除了固定不变的人性观和命定论，至今具有深刻启迪和借鉴作用。[①]

清代段玉裁在《说文解字注》中，对"因祭获福"做了新的解释，他称"《礼记·祭统》曰'贤者之祭也，必受其福'。非世所谓福也。福者，备也。备者，百顺之名也。无所不顺者谓之备。"将"福"与"顺"字有机关联，不仅让福的含义更丰富，而且让福的感觉从结果延伸至过程，即人们创造幸福的过程本身就会成为一种幸福。这和今天许多年轻人所说的"结果不重要，过程很享受"颇为神似。

三、因时而变的福源

福自何处来？无论是居庙堂之高，还是处江湖之远；无论是社会精英，还是平民草根，每个人对福的理解、认识与追求，都融入了自身能力和所处环境，且因时而变、随物赋形。学者认为，中国人的徼福的历史进程包括五个阶段，即祈福、求福、谋福、造福、受福。由是，我们也可以把福源分为五种，即神力赐福、祖先荫福、自求多福、德智谋福和奋斗造福。不同的福源与人类文明发展程度密切相关，彼此间又相互联系、相互作用。

（一）神力赐福历史悠久

从人类文明发展的角度看，人类社会的历史可以分为原始文明时代、农业文明时代、工业文明时代和生态文明时代。每个时代人们对幸福的理解既相似又各有侧重。神力赐福是原始文明时代的产物，并且在农业文明时代得以丰盈、成熟并成为民俗，得以传承与创新，到工业文明时代则获得扬弃。

① 卢美松主编.福文化概论［M］.福州：福建人民出版社，2022 年，第103 页。

我们今天所说的原始文明时代，其历史约5万年到2万年。通常指人类社会形成初期。当时，人类生活完全依靠大自然赐予，石器、弓箭、火是原始文明的重要的发明。原始文明时代，人类生产方式简单粗放，以刀耕火种、采集狩猎为主；生活方式原始，以氏族为单位。相应地，人们认识自然的能力低下，对风、雨、雷、电等自然现象心存恐惧。随着先民们从恐惧自然演变为崇拜自然，各种被认为能沟通人与自然的神、巫、鬼、怪等开始受到追捧。人们希望通过向这些神、巫、鬼、怪进贡的方式，获得自然的恩赐，保证子孙后代繁衍不绝、福泽永绵。此即所谓神力赐福。

神力赐福的神可以分为两大类。一是自然神。无论是中国历史还是欧洲历史上，都以神话的方式解释某种神秘力量的存在，如太阳神、雷神、风神、玉皇大帝、地藏菩萨等。传说中的这些神力的存在不以人的意志为转移，人们只能顶礼膜拜，祈求诸神息怒，普降甘霖，恩泽斯民。二是由人升华的神。这些神为人时均做了大量善事，深得百姓的拥戴，并通常在死后得到了统治者的封礼，使得万民能够名正言顺地祭祀祈福。比如，福建人民熟悉的妈祖、保生大帝、临水娘娘等。

到了农业文明时代，神力赐福的风气非但没有减弱，反而日益盛行，所拜之神更多。一般认为，农业文明的历史有7000年到2万年，考古学家在浙江浦江县发现了距今约1万年的稻种。福建海岸地区的稻作农业最迟在距今5000年左右就已经成为食物的主要来源之一，到距今4000年左右又增加了大麦和小麦等农作物。[①]农业文明开启的标志是生产工具的革命，如青铜器、铁器、陶器、文字、造纸、印刷术等相继出现，它们的发明使得人能够主动开展农耕和畜牧业，并创造适当的条件栽种、收获和繁育所需要的物种，自主实施选种、育种、栽培和饲养活动，摆脱对自然界现成食物的完全依赖。

---

① 杨雪梅.南山遗址，为啥很重要［N］.人民日报，2017年11月13日，第20版。

但传统的农业无法摆脱靠天吃饭的命运。各种自然灾害始终是农业的天敌。而且由于生产活动范畴的扩大、生产方式的多样、栽种品种的增加，人们面对自然的挑战更加多元。一方面，人们要面临共同的灾难，如大旱、大涝、大火等；另一方面，人们还有特定的对安全、安宁的需求，如渔民希望龙王赐鱼不要掀风浪，山里人希望山神保佑猎物充足等。因此，农业文明阶段，求神祈福并未中断，反而因为需求多元，使得祈福方式更加丰富，并渐成定制，上有国家祭典，下有民间习俗。一时间，祀和戎成为国之大者。前者是祈求获得幸福，后者则是通过武力捍卫幸福或者争取幸福。

进入工业文明时代，随着现代科学知识的发展，人们认识自然、理解自然和控制自然的能力提升了，神力赐福更多地成为一种习俗，旨在表达人们对美好生活的向往，对大自然和祖先的感恩，也就是人们常说的知福、惜福和谢福。如今，很多地方求神祈福的仪式开始变得简洁，扬弃了其中一些繁文缛节。

（二）祖先荫福尤为普遍

与神力赐福异曲同工的是祖先荫福。它表现为两方面。一是祖先积累的具体的物质财富或养成的家规、家训和家风，让后代能够直接从中获益。一如大自然生长的野果、野兔等，可让原始文明时代的先民直接获得生活保障，祖先积累的“余福”为后代提供了生存与发展的保障。二是对祖先的祭祀与求盼。相对前者，这是一种更为普遍的祖先荫福。因为并不是所有家庭的先辈们都能留下丰富的物质遗产和精神食粮，但人人都可以敬拜祖先，祈求福祐。在农业文明时代，人们相信祖先虽然肉体已逝，但灵魂常存。脱离人间苦难的祖先在天有灵，具有某种神力，能够时刻保佑子孙后代，但需要后辈常常追思先辈，并以特定的方式祭祀祖先。因此，很多地方一度建宗祠、祭祖宗，蔚然成风。福建各地此类传统至今保存较为完备，是研究“福”文化的重要载体。

深受朱熹理学思想影响的福建大地上，祠堂发展非常旺盛，明清时期达到极盛。宗祠寄托着家庭的希望，其中最质朴的诉求便是"福地""世泽长""家声远"。如诏安官陂镇承禄堂上有楹联"承天赐福同天久，禄地生辉与地长"；云霄莆美镇水木堂张氏宗祠楹联"水木清华开福地，蝙蝠吉庆舞尧天"；永泰吾峰镇吾西村魁福堂楹联"有始有根有源有教有德，皆有福；成宗成祖成族成才成功，自成名"。如今，祖堂、宗祠仍然具有祈福的功能，但它已经更多地转向追思祖先、传承家风家训等文化功能，福文化元素则遍及各地各处。

（三）我的幸福我做主

祈求神力赐福和祖先荫庇，多属人类尚处在蒙昧时期的朴素的思想和被动的动作。"自求多福"则是人们在破除对天地神灵的迷信之后，意识到应当反身自求，发挥主观能动性，依靠自己的努力，自食其力，自谋幸福。这是人类社会对福的新认识，是一种难得的进步。因为它明确了福的主体是当下的人，而不是神或祖先。儒家、道家和佛家的思想都告诫人们，幸福应当反求诸己，自求多福。

今天，中国社会中的多数人，仍然习惯于为子孙后代着想，希望通过自己的努力，甚至是省吃俭用，为晚辈们积累更多的财富，让后代过上更加幸福的生活。但年轻一代已经与时俱进，希望父母有生之年能够幸福，相信自己的幸福生活不应该过多依赖长辈的赠予，而应该自食其力，即所谓"我的幸福我做主"。这是古人"自求多福"的时代传承。

自求多福涉及对福的理解。即回到本文此前的问题：何为福？在肯定五福的同时，儒家思想将福、礼、顺等密切相连，拓展了人们对福的理解，从而形成有差别的幸福感。王阳明提出，"君子以忠信为利，礼义为福。苟忠信礼义之不存，虽禄之万钟，爵以侯王之贵，君子犹谓之祸与害；如其忠信礼义之所在，虽剖心碎首，君子利而行之，自以为福也，况于流离窜逐之微乎？"[1] 言下之意，守礼节，讲信义才

---

[1] 李婷婷.论王阳明文学观［J］.西南农业大学学报（社会科学版）［J］.2020年第3期，第164–167页。

是幸福。如果没有忠、信、礼、义，那么即使有无尽的物质财富和钱物，也都是祸与害。反之，守信义的君子即使被掏走了心、打破了头，也会因为这种坚守而感到幸福，至于说因此而被流放，那都是小事一桩。历史上这样的人物并不少见：苏东坡因为守信义，屡被朝廷流放，以至于"惠州黄州儋州"三个流放地成为他的"生平轨迹"；福建人林则徐虎门销烟功在当代，利在千秋，名垂青史，虽落得流放伊犁的命运，但仍然劝慰试图将其留在中原的好友王鼎"塞马未堪论得失，相公切莫涕滂沱"。在此，林则徐引用的"塞翁失马"故事，相信大家都知道，这则故事生动演绎了古人对福祸关系的辩证认识。

有史记载，最早提出"祸福观"的当算老子，他在《道德经》中提出"祸兮福之所倚，福兮祸之所伏"。《韩非子·解祸》中对祸福关系的辨析甚为严谨与精细。他认为，"人有祸则心畏恐，心畏恐则行端直，行端直则思虑熟，思虑熟则得事理，行端直则无祸害，无祸害则尽天年，得事理则必成功，尽天年则全而寿，必成功则富与贵。全寿富贵之谓福"。反之，"祸本生于福"，人们容易因为福而无所恐，无所畏，无所敬，行不端，甚至为非作歹，最终死于祸。在这里，祸福既相对，亦互为因果，互相转化。

先贤们的祸福观至今对我们仍具有深刻的现实启发意义，帮助我们在自求多福中保持清醒的头脑，不要迷失于对福的过度追求，学会知分养福。比如，当我们享受工业文明带来的幸福生活时，不得不面对由此产生的严重的环境污染及其引发的大量祸患，进而自我反思，逐渐转向生态文明建设，探索变祸为福的时代路径。

（四）德智谋福，奋斗造福

当我们宣称"我的幸福我做主"时，可曾想到，如何做主？靠什么来实现自己的幸福呢？对此古今先贤、革命先烈们已经给出了答案：一是德，二是智，三是奋斗。

历来贤达皆高度重视修德。早在 3000 年前，周公制礼作乐，建立完备的礼制时，便强调德、礼、福的一致性。周人认为，上天会赐福祉于王室与下民，天子、王室和诸侯应谨慎修德，通过祭祀和祷告上达于天，以求降福。周人反复申言"明德慎罚，敬天保民"，强调"皇天无亲，唯德是辅""永言配命，自求多福"。言下之意，普天之下，要彰显德行，慎用惩罚。老天爷对于天下人没有亲疏之分，只帮助有德之人。所以，只有更多地加强自我修养，才能多福。

王夫之提出"德福一致"观点，对古代福祉观念进行创新性解释，为古代福文化理论发展做出了新贡献，也是对儒家伦理道德传统的新贡献。其将造福、成福归因于个人而非上天，符合理性和科学，具有现实的积极意义。进入 21 世纪的中国，在实现国家治理现代化的进程中，正是在坚持"自治、法治、德治"一体化原则，在选拔任用干部时始终强调"德才兼备"，这些均体现"德"在构建幸福生活中的重要作用。

何以修德造福呢？王夫之认为，"德肖于知"。即依靠知识积累与学养的修习提升个人的德性，以此迈上造福阶梯。由此提出"我的幸福我做主"的第二个必备因素：智。这里包括两层含义，一是学习各种知识，提高自身的智慧，更好地创造幸福；二是利用自己的学识和观点，促进社会整体的进步、发展和革新。古人为激励人们求知，曾经夸称"书中自有黄金屋，书中自有颜如玉"，同时警示"书山有路勤为径，学海无涯苦作舟"，既有目标，又有方法，考虑不可谓不周。但自古以来，读圣贤书的目的不仅仅是满足个人的金榜题名，更是要做"风声雨声读书声，声声入耳；家事国事天下事，事事关心"的负责任者。读书，即获取知识后，要努力成为社会的栋梁，为天下人谋幸福。

中国历史上，最早试图以自己的知识谋求幸福的大规模行动当属春秋战国时代诸子百家的四处游说，他们希望能对执政者施以影响，实现自己的学说和政治主张。如孔子周游列国，虽未能有功名，却普及了仁及道德，为儒家思想的形成与传播做出了无可替代的贡献，成为一代尊师，为后人所景仰。很多学富五车者不仅因知识谋得一官半职，解决了个人福禄之事，更是直接参与国家建设与管理，名留青史，如商鞅、苏秦、张仪、范雎等。

我们提出德智谋福和奋斗造福，是"我的幸福我做主"的必备条件，强调个人要获得幸福应具备的基本因素，并不否认通常所说的其他因素的重要性，比如守法等。德智谋福是获得幸福生活的必要条件，同时，倘若没有"愚公移山""精卫填海"的奋斗精神，则幸福生活谋而难得。

中国的历史已经表明，唯有不懈努力奋斗，才能获得真正的幸福生活。于个人、于家庭、于国家，莫不如此。"晋江经验"中最核心的启示就是"敢拼才会赢"，中国人民实现第一个百年奋斗目标更是充满"为有牺牲多壮志"的可歌可泣的奋斗事迹。走在第二个百年目标的新征程上，中国人民更加需要坚持奋斗造福的信念。

正如习近平同志所指出的，"中国共产党把为民办事、为民造福作为最重要的政绩，把为老百姓办多少好事、实事作为检验政绩的重要标准。党员、干部特别是领导干部要清醒认识到，自己手中的权力、所处的岗位，是党和人民赋予的，是为党和人民做事用的，只能用来为民谋利。各级领导干部要树立正确的权力观、政绩观、事业观，不慕虚荣，不务虚功，不图虚名，切实做到为官一任、造福一方。"[1]这就是中国共产党人的幸福观。

四、碳福问答：何为五福与九畴？

碳碳："福福，现在我明白了，为什么大家都喜欢你。原来，人类社会诞生后，就一直在寻找你。不过，这里面有好些话我都不明白。"

福福："你是说那些文言文吗？其实有些我也没有听懂，比如九畴是指什么？不如，我们一起查查资料，补习一下吧。"

碳碳："好啊！查资料吸收新知识，也是一种幸福呢。"

---

[1]　习近平谈治国理政第四卷［M］.北京：外文出版社，2022年，第55页。

福福："书上介绍，九畴是传说中天帝赐给禹治理天下的九类大法，包括九个部分，分别是：顺应五行，即大家熟悉的水、火、木、金、土；敬用五事，指个人的言行举止要做到态度恭敬、说话和顺、思维清晰、听事聪敏、思虑通达；农用八政，指管理天下的八个方面：民食、财货、祭祀、建筑、教育、司法、待客、军政；协用五纪，说的是与日、月、星、辰和历法相协调；建用皇极，强调要树立帝王权威与德行典范，建立遴选和赏罚官员的标准；义用三德，要求治理天下要坚持正直为本，刚柔并济，或以刚克柔，或以柔克刚；明用稽疑，有点玄，指善龟卜和巫占以探询天意，并结合民众意见做决策；念用庶微，善于利用雨、晴、冷、寒、风等预测收成；最后是，飨用五福，威用六极。"

碳碳："等一下。我也查到了。五福刚才已经说了，是寿、富、康宁、攸好德、考终命。而六极则相反，指短命或夭折、疾病、忧愁、贫穷、品行恶劣、软弱这六类不幸。难怪人们追求五福呢！中华文化真的是博大精深！我们还真要下点功夫才能弄明白啊！"

福福："是啊，不理解传统文化，有时就很难理解眼前的事。可能也不理解为什么减碳和节碳也是一种福。"

第三节 碳福何求

碳碳："福福，我发现一个现象，除了福受到人们喜欢外，那些和福沾点边儿的祉、禄、禧也都深受欢迎，但我不理解，为什么壶、虎、蝠这些看上去与你没什么关系的字也讨人欢喜呢？"

福福："哈哈，这个说来有趣。一来，福建受方言的影响，有些人会'hu''fu'不分，容易把壶、虎和福字读成同音字；二来，蝠字直接和福字同音，所以蝙蝠造型的纹样在福建很受人们喜欢呢。"

碳碳："难怪，我看到福清的街头宣传画上，老虎被当作吉祥物的标识，当地人说是代表平安，要知道，在外地人眼里，老虎可是会吃人的呢。"

福福："是啊。我看到福州有一个地方，对外宣传标语写的是'五虎山欢迎您'，这不是明知山有虎，偏向虎山行嘛。每个地区的风俗文化都是不一样的，这也就造就了丰富多彩的中华文化。"

碳碳："既然福建人连老虎都不怕，也不应该怕碳碳吧。"

福福："其实，只要人们充分认识到你的价值，肯定会像喜欢我一样喜欢你的。而且'碳福'听起来是'叹服'，凡是享受碳福的人，都是做出了令人叹服的努力的。这个名字很符合'福'文化中的巧用谐音的传统呢（图8）。"

碳碳："既然这么说，我们一定要先去问问福建人民，要不要碳福，碳福好不好。"

图 8　福福发现自己有很多"替身"

一、生态文明的"C"位碳

文明指人类社会的进步状态，它与野蛮相对，是人类在探索未知，改造物质世界和社会及人类自身的进程中，与自然、社会和人类自身相适应与协调的成果总和。文明的内涵十分丰富，可以用在多种场合，但总体可以分为狭义和广义两大视角。狭义的文明指人与人之间文明与野蛮的关系，即讲文明、讲礼貌层面的文明。广义的文明，则是指人类社会不断发展进步的一种状态，是人类在社会发展过程中形成的物质、精神、政治、文化和生态成果的总和。

上文所提原始文明、农业文明、工业文明以及当前正在建设的生态文明，都属于广义的文明。文明的每一次更替都是一种扬弃，即保留前一个文明中有价值的元素，去除其中不适合当前社会发展需要的元素，同时融入新的元素。"碳"始终是人类肉眼看不见却不可缺的基本元素。化学元素周期表中，"碳"的符号是"C"，排在第8位，是构成大千世界极其重要的一员。在前三个文明中，碳始终居于"C"位。或许令许多人意外，在生态文明建设中，碳仍然位于"C"位，而且更突出，更引人关注，更具价值，只不过人们要讨论的不再是大量排碳，而是如何节碳、固碳。

生态文明建设面临的一个重要阻力是，减少碳排放可能导致一些企业限产甚至停产，人们改变业已习惯的大量排碳的生活方式时，会感到不便，甚至是痛苦。因此，对很多人来说，这是一种"祸"。但正如中国传统的福祸相倚相伏的辩证思想所说，倡导绿色生活方式，迎接生态文明，反而提升了"碳值"，加强了碳在人类社会生活中的地位。一方面，大家耳熟能详的碳排放、排达峰、碳中和、碳库、碳汇等概念不断强调其突出地位，从而在社会传播中构建一个"C"位的碳元素；另一方面，绿色低碳是生态文明主题，迎接生态文明时代的到来，不仅没有降低碳在日常生活、生产中的重要性，反而使之显得更为宝贵，人类并未因为减碳而厌碳，反而会更加珍惜碳；碳在人们幸福生活中地位不会降低，反而会增强。为了实现碳中和，人们在控制碳排放的同时，还会大量植树造林，建立"碳库"，让碳资源存放在地球上，成为子子孙孙的宝藏，而不是飘逸到大气中成为捂热地球的"大棉被"。

实践表明，减排降碳，开启生态文明，看似一种可能影响工业生产和生活水平的"祸"，实际上却可以转化为人类幸福生活的新模式。福建省三明市将乐县的村民将碳票当作嫁妆的新闻，一时传为美谈，已经有越来越多的人感受到生态文明建设带来的"福"，这种幸福便是生态之福，它赋予中华传统福文化以新内涵，我们不妨称之为"碳福"。

二、"福"文化的吸碳力

幸福作为一种文化，无疑会因时、因地、因人而异。因为文化总是特定地区的地理环境、传统习俗、生活习惯、生产方式、社会风气、经济条件、政治制度等共同作用的结果。本书所研究的"福"文化亦不例外。您可能已经注意到，这里的"福"字加了引号，它特指福建省不同地市、不同民族在长期包容互鉴、兼收并蓄中形成的一种具有区域特色的幸福观和徽福、祈福、求福、享福、造福的习俗、礼仪等。它是中华福文化的重要组成部分，兼具中华福文化的一般内涵，又独具八闽大地的山水人文特色。

本书不对"福"文化进行详细的解读，仅从生态文明建设视角探讨"福"文化的新内涵——碳福——的形成条件。

（一）"福"文化自身特征，为"碳"元素的融入其中敞开大门

"福"文化是以儒家文化为主流，整合了古闽越族元素、异域元素、海洋元素等各类文化后形成的地域文化。"福"文化在形成过程中，兼容并蓄了儒家、道家、佛家等多种文化精髓，同时保留了八闽大地上不同区域的风俗、习惯和礼仪，展现极强的包容性和开放性，为碳福的融入奠定了文化基础。

最初生活在此的早期闽越族人，与生俱来的崇拜自然万物的心理，生成为后世所谓的浓烈的"好巫尚鬼"的观念。晋唐以来，中原汉人代有南迁，中原文化、科技和习俗与土著文化交融，沉淀为地域性文化群落。宋元海上贸易繁盛之时，不同种族、形态的文化在同一块地域进行空前的碰撞，令福建文化异彩纷呈。王审知开闽以后，福建发展商贸、招贤纳才、方形庠序，陆续涌现出一批历史人物，在学术思想、教育科技、文学艺术、货殖营生等领域引领大众。黄仲昭曾称之

为"大儒君子接踵而出，仁义道德之风，于是乎可以不愧于邹鲁矣"。这里有理学集大成者朱熹、思想革新者李贽、海洋英雄人物郑成功、开眼看世界的林则徐、向西方寻求真理的严复以及向世界宣介中国的陈季同、辜鸿铭等。他们在各领风骚的同时，也对福文化进行了不同程度的阐发和身体力行。

与此同时，福建保留了早期闽越人崇信鬼神的强大的传统基因，故福建各地宫庙林立，神灵众多，祈求神灵保佑，渐趋沉淀为具有福建地域特色的祈福活动。如福州人过年吃福橘、太平面、红年糕、白年糕等。福建的神灵之多也极富地方特色，如妈祖、保生大帝、清水祖师、临水娘娘、康仙祖等，他们都是生前行医治病、祈雨禳灾、慈悲济世之人，被人们奉之为吉祥神。由此可见，"福"文化在不断传承与创新，体现了海纳河涵、开放开先、有容乃大、有容乃强的文化特征。

如果"福"文化是一个保守的固化的概念，它便不具备形成碳福所需的"吸碳力"，便无法体现福建人民在低碳绿色环保实践中形成的获得感和幸福感。所幸，实践已经表明，八闽大地生态文明建设的成就正在融入"福"文化之中，"福"文化的"吸碳力"日益彰显。

（二）福建人民对"福"文化的强烈向往，增强了"吸碳"的自觉性

中国传统的福文化在福建特有的地理、气候、历史、文化、社会环境中呈现出具有福建地域特色的存在形态。福建人民对"福"文化的推崇与强烈向往，显著表现为"福"元素遍存于当地的风土、人情、语言、艺术、道德、教化、宗教、信仰、族群、图腾等生活的琐碎中。其中，"福"最直观地体现在地名上，从省名到地市县乡镇，以福命名者众；与福字相关的安、泰、宁、吉、寿等均大量出现在省内地名中，表达了民众强烈的求福之心，至于含福的街道、里弄、寺庙道观、寨堡桥梁道路与文物礼制等不计其数。福字当头，安宁兜底，福寿康宁既是福建的表情，更是八闽的底色。

比如，福建省福州市福清市自称"三福"之地，自唐圣历二年（699

年）置县来，虽多次更名，但"福"字不易。唐朝天宝元年（742年）改称福唐县，至五代时期后唐长兴四年（933年）改名福清县，元朝元贞二年（1296年）因户数满4万，升格为福清州，1990年12月26日撤县建市，名"福清市"至今。市区南北走向的大主干道均以"福"字开头，东西走向的街道则以"清"字开始，"福清"与"清福"直白无疑地向世人表达这个县级市对幸福生活的向往。至于含"福"字村名多达16个。位于福清东张镇的灵石山上刻有幅宽490厘米，幅高500厘米的行书"福"字（图9），字宽约215厘米，高约253厘米，为清道光年间翁飞云所书。下有马逢周、林镳题字曰：灵石为全闽福地，佳境不可胜纪，勒此一字，足括全胜，而书法精工，而肌骨相称，询与山石之灵并垂不可朽。有好事者说，站在"田"之角，如能摸到"示"之端，即能得大福。而以"大福""二福"为人名者亦不鲜见。直接以"福"命名的山仅福清市便有三座，分别是福山、福庐山和福胜山。如今，位于福清龙江畔的福文化公园将福清24个镇街浓缩成一个生态园，成为人们消闲享福之处，光彩变幻的"福"字与观音埔大桥下跳广场舞的音乐和队伍共同构成一幅祥和快乐的新型"百福图"，"绿水青山就是金山银山"不仅是一块宣传牌，更是一种生态理念，融入其中。

图9　福清灵石山的巨"福"（陈春彦 摄）

（三）"福"文化中既有的人与自然和谐共处的元素与"碳"元素同声相应

福建作为程朱理学的圣地，对自然的敬畏之情留存已久，可以从长期沿袭下来的祈福民俗中略窥一斑。

福建与浙江交界处有一县，地处鼎山，又位于闽之上，取名"福鼎"。一言福气之鼎，二表福建之顶，既含祥瑞之寓，又示方位之属。"福"文化在福鼎城乡充满活力，影响面广。其中，"做鱼福"是一项独特且悠久的福文化活动。它是一种祭海传统，流行于沙埕、秦屿、白琳、店下、点头等沿海村落。自明末清初起，以沙埕镇大白鹭村的普渡节为代表，分为祭海、放生、表演三部分。时间是每年农历十一月十五日。在一献香烛、二献菜、三垫酒后，高诵祭文、致礼大海。最后的环节尤其引人注目，上百位身着统一服饰的孩子，在主祭人、陪祭人的带领下，缓缓走向大海，将手中的鱼、虾、蟹等幼苗放归大海，表达渔民取自大海、保护大海的传统理念。[①]放生的仪式与中国古代的休渔、休耕等思想一脉相承，表示人对自然的尊重，不只是取，还要予。大海养大的渔村人更懂得关爱海洋、呵护海洋，并通过祭海表达渔村人民感恩海洋、善待海洋的意念。此类传统在福建其他地方也不鲜见，它表明当地人民保护海洋的共识，有利于增进人与自然的和谐相处；有利于凝聚民心，促进团结和社会稳定，也有利于理顺中华民族的文化认同，展现海洋民俗文化的时代价值。正是"福"文化中这些闪光的生态文明火花，为点燃碳福创造了得天独厚的条件。

三、走进"两山"结福缘

2023 年 8 月 15 日，中国迎来了首个全国性"生态日"。众所周知，农历八月十五日为中秋节，是中华福文化中最重要的节庆之一，全家

---

① 福建省政协文化文史和学习委员会、福建省炎黄文化研究会编.福建传统的福文化［M］.福州：福建人民出版社，2022年，第158页。

团圆成为当天最美风景。公历 8 月 15 日"生态日"的确定与传统中秋节异曲同工，也意味着一种普惠的福祉——生态之福。正是 18 年前（2005 年）的 8 月 15 日，时任浙江省委书记的习近平同志，在考察湖州市安吉县时，首次提出"绿水青山就是金山银山"论断，构成习近平生态文明思想的核心理念。设立全国生态日，能更好地将习近平生态文明思想宣传好、落实好。

"两山"理念是形成碳福的重要理论保障。因为碳福孕育于以建设和保护绿水青山为代表的生态文明建设实践中。长期以来，人们对于大自然的过度开采成为工业文明中变福为祸的重要表现。只有当人们理解了"绿水青山就是金山银山"后，才会形成保护、珍惜绿水青山的环保意识，自觉地抵制滥伐森林、滥采山石等破坏生态环境的行为。同时，绿水青山的守护者应当因其为人类可持续发展做出的贡献得到肯定，也应该获得自身发展的保障。福建"林改第一县"武平就是通过林业确权的方式，让养林人、护林人获得未来发展的"定心丸"，让他们切实感受到守护好绿水青山就是守护"聚宝盆"。

从"两山"理念实践看，福建省能够首先享受碳福，得益于两大优势。

（一）福建省拥有丰饶的"绿水青山"自然资源

福建省是我国南方林业大省，以天然次生林和人工林为主要树种。1949 年以来，福建省各级党委和政府，高度重视开发和保护森林资源，在造林更新和封山育林方面取得重大成就。据第八次全国森林资源清查，福建的林业用地达 926.8 万公顷，森林面积 801.3 万公顷，森林覆盖率达 65.95%，居全国首位；森林蓄积量为 6.08 亿立方米，居全国第七位；生态功能等级达到中等以上的面积占 95%，丰富的森林资源为福建省林业产业和林业经济的发展奠定了坚实基础。[①] 随着市场产业结

---

① 连素兰，何东进，纪志荣等．低碳经济视角下福建省林业产业结构与林业经济协同发展研究——基于耦合协调度模型［J］．林业经济，2016 年第 11 期，第 49–54+71 页。

构的改变和林改的深入，福建省内毛竹、茶叶、鲜笋、人造板和松香等新兴产业迅速崛起，成为林业发展的亮点，涉林收入逐渐成为福建省农民增收的重要途径，同时森林覆盖率也提升到 2022 年的 66.8%，连续 43 年居全国首位，① 实现了"国家得绿、农民得利"的林改目标，更多人从森林大"碳库"中获得幸福感。

（二）福建"两山"理念的探索起步早、历史久、经验丰富

福建省是习近平生态文明思想的重要孕育地和实践地，早在 2000 年，时任福建省省长的习近平同志就极具前瞻性地提出建设生态省战略构想。长期以来，经过广大干部群众坚持不懈的努力，生态省战略深入人心，国家生态文明试验区建设成就显著，生态文明指数多年居全国前列。

习近平关于"绿水青山就是金山银山"的重要理念孕育于福建。将乐人民至今记忆犹新的是，时任福建省委副书记的习近平同志曾于 1997 年 4 月 11 日语重心长地叮嘱他们，"青山绿水是无价之宝""山区要画好山水画，做好山水文章"。他们牢记习近平总书记的嘱托，写就了一篇篇独具特色的"山水文章"。如今，全县森林覆盖率为 81.3%，全年空气、水环境质量均在全省前列，获评国家"绿水青山就是金山银山"理念实践地、国家生态文明建设示范县、国家森林康养基地、中国天然氧吧等多项"国字号"绿色荣誉。② 将乐是福建省实践习近平生态文明思想的一个缩影。如今，一朵朵美丽的生态文明之花正盛放在东海之滨，越来越多的群众正在享受到生态文明带来的碳福。

四、碳福问答："两山"有何特别含义？

福福："碳碳，原来咱们能在福建相聚也是一种缘分啊！"

碳碳："是啊。从名字上看，就知道这里多福。"

---

① 新时代福建故事③｜集体林权改革实现"山定权、树定根、人定心"［EB/OL］．厦门广电网，2022 年 10 月 19 日，https：//www.xmtv.cn/xmtv/2022-10-19/fcbcd694947a308d.html。

② 走进将乐［EB/OL］．将乐县政府网站，2021 年 12 月 29 日，http：//www.jiangle.gov.cn。

福福："外地人来到福州，一下飞机就感觉这里真是'有福之州'，机场路口的 PM2.5 数值经常是个位数，外地很多地方是三位数。甚至有人觉得，福州没必要监测这个指标。"

碳碳："看来咱们能在一起，要好好感谢这块风水宝地呢。"

福福："特别要感谢这里的人民，祖祖辈辈种下那么多树。对了，你听见了吗，人们已经开始把我们称为'碳福'了。"

碳碳："太好了，碳碳也成为'福'文化家族的新成员啦！"

碳碳："那碳碳要努力，让以后的人们想起'福'时，不止有传统的喜庆的红色，还要有新时代的绿色、蓝色、黑色。"

福福："是啊，我相信'黑碳'为大家造福的这一天已经到来，因为大家已经意识到'绿水青山就是金山银山'。"

碳碳："对了，我查了一下。你刚才说的是'绿水青山就是金山银山'，其实不是这么简单，背后有很多故事呢。2005 年 8 月 15 日，时任浙江省委书记习近平同志考察湖州安吉，首次提出'绿水青山就是金山银山'的科学论断。2013 年 9 月 7 日，习近平主席在哈萨克斯坦纳扎尔巴耶夫大学发表演讲时指出，'我们既要绿水青山，也要金山银山。宁要绿水青山，不要金山银山，而且绿水青山就是金山银山'。2016 年全国'两会'期间，习近平同志参加黑龙江省代表团审议时提出'冰天雪地也是金山银山'重要论述。2018 年 9 月 26 日，习近平总书记专程前往查干湖了解生态保护情况，再次明确'绿水青山、冰天雪地都是金山银山'。2021 年冬奥会开幕前夕，习近平总书记会见国际奥委会主席巴赫时说，'我讲绿水青山就是金山银山，现在冰天雪地也是金山银山，它带动了冰雪经济的发展。我并不在意这一次中国运动员拿几块金牌奖牌，我更在意它给我们今后注入的动力和活力。'[①] 现在，碳福可谓是'两山'理念的活力见证。"

---

① 仲农平.冰天雪地也是金山银山——北京冬奥会开幕断想［N］.农民日报，2022 年 2 月 6 日，第 1 版。

第二章　结缘：闽何以先福

图 10　八闽大地各显碳福

　　“福福，我感觉到福建人民好像对我俩的碳福事业很感兴趣呢！”谈兴正浓的“碳碳”突然发现了“新大陆”，不再像最初那样郁闷了，不再唉声叹气了。

　　“古人都说了，福祸相依，我感觉福建人民已经找到了转危为机的办法。你快要成为大家的宝贝了。”福福也很开心地说。

　　“能成为宝贝，当然好。眼下，只要人们不讨厌我就行了。毕竟，人们都喜欢金山银山。”碳碳有点不敢相信自己这么快就要“变废为宝”。

　　“我们要努力让大家知道，金山银山离不开碳碳。到那时，碳碳就真成为福宝了。”福福信心满怀。

"我听说，很多人只有吃了苦，才知道福。是不是我们也要让大家知道，对碳碳不好，会吃苦，然后大家才能意识到碳碳也可以造福呢？"碳碳的心思又活了。

"其实，你也不用特意为难大家。很多人已经意识到这一点。他们开始考虑人类面临的生态危机，思考碳碳与人类幸福生活的关系。最重要的，有些地方已经开始先行先试，寻找实现碳福的路径。"

"你说的是我们正在周游的福建吗？"碳碳好奇地问。

"没错，谁让它的名字里就有'福'字呢。这里的人能够先享受到碳福，大概就是人们常说的福缘、福分、福气吧！"福福感叹道。

"好啊，福福，又是你的功劳！"碳碳既羡慕福福的见多识广，也好奇究竟他俩与福建的缘分从何而来（图10）。

第一节　人类面临生态危机

碳碳："福福，在中国只有福建有'两山'理念吗？"

福福："当然不是，整个神州大地都在践行着'两山'理念，很多地方都结出了丰硕的成果呢。只不过，福建既有深厚的'福'文化，又是较早实施'生态省'建设战略的地方，更容易理解我们的碳福事业。"

碳碳："我很好奇，人们为什么突然关注生态呢？为什么要实施'生态省'战略呢？"

福福："创新总是有缘由的，一般都是为了解决一个特定的问题。"

"难道是解决我的问题吗？"碳碳又紧张起来。

福福笑道："当然不是，人类目前面临的生态问题不是你的错。"

听到这里，碳碳长舒一口气："生态危机这么重要的事情，可不能只有我们知道，一定要大家共同关注，一起努力才行。"

福福："没错，虽然过程肯定很艰辛，但是大家已经采取了不少有效的措施，生态环境正在改善，但很多地方还不如意。"

碳碳： "那就让我们举起碳福大旗，多宣传、多动员，争取让人们早日理解和加入进来。"

一、碳排放与大自然的报复

请注意，问题出在 "排放" 的行为上，而非 "碳" 本身。更进一步讲，是人类因为对含碳资源的大量开采，向大自然排放过多的碳，无法及时被吸收和转化，散发到大气层，造成了前面所说的 "温室效应" 等环境问题，开始直接影响人们的日常生活。多年来出现的全球气温升高、极端天气、 "厄尔尼诺" 现象等，都将问题的根源指向碳排放。仅 20 世纪的 100 年间，全球 GDP 增长了 18 倍，石油、钢、铁、铜的年消费量分别增长了 170 倍、29 倍和 27 倍，大气中二氧化碳含量相应增加了 1 倍，[①] 造成了现在气候变化的难题。

但碳排放过多只是产生人类生态危机的一种典型行为，而非全部。碳排放背后的问题是人与自然的关系。因此，我们认识人类面临的生态危机时，不仅要高度重视碳排放问题，还要牢记中国古训，求诸己，推己及人。也就是说，要主动从人类自身发展方式、生活方式和生活观念，包括幸福观出发，自我反思。

正如中国古语所言， "善有善报，恶有恶报"。人类对自然的任何行动，都会得到回应。有的是福报，有的是祸起。福祸取决于人类自身对待生态、环境和自然的态度、方法和行动，因为生态环境是人类生存和发展的根基。在此，我们姑且不去讨论生态、环境、自然这些名词在概念上有什么差异，我们需要达成一个基本的共识： "如果人类社会连自己赖以生存所必需的空气、水源、食物、住所都无法保证，人类将无法继续生存下去，更谈不上什么文明进步。可以说，生态环境的好坏直接影响着人类社会的兴衰演替。"[②]

---

① 仇保兴.生态文明时代乡村建设的基本对策 [J].城市规划，2008 年第 4 期，第 9–21 页。

② 刘书越编著，走进生态文明 [M].保定：河北大学出版社，2023 年，第 17 页。

或许有人会问，人类自从诞生以来就一直生活在地球上，为什么今天的环境变得如此危机重重、自然灾害频现？简单地说，人类诞生之前，地球已经运行的历史比人类的历史还长，人作为地球上的一个新物种，其诞生以自然为依赖，其介入自然后也一定会对地球产生影响，并形成一个包含人类因素在内的新型生态环境，或者说新的自然状态。就好比一对年轻人结婚后组成一个家庭，孩子降生是以家庭为依托的，但一旦降生并不断成长后，自然而然地对家庭环境构成重要的影响，而且随着孩子的活动能力的增强，对家庭的作用力会越来越大。

类似地，地球生态环境的变化程度与人类活动能力、活动空间和活动动机密切相关。在原始文明和农业文明时代，人类的生产生活对自然的干预是局部的、有限的，并且更容易修复。因为人类主要顺应自然开展生产、生活，因此世界各地都形成特色各异的祈福、求神、拜天地的习俗，很少会与自然产生冲突。

可是工业文明则不同，随着生产力的提高，人们不断发现，大自然形成的时间和空间关系可以用人力突破，过去遥不可及的事突然变得唾手可得，于是人类便有了更多挑战自然的冲动与自信。以通信为例，远古时代人们的通讯是口口相传，人的声音到达之处就是通信的有效距离。声音的传播则取决于空气流动、地形地势等自然因素。文字、纸张和印刷术的发明与完善，改变了人的传播方式，人们的通信不再受限于声音的自然传播。报纸、电报、广播、电视、互联网等渐次出现，每一次都带来人类社会传播方式的革命。如今，人们很自豪地生活在"地球村"里，时间和空间的界限被极大地缩短。过去从北京给福州寄一封信需要一周时间，后来变成三天，再后来变成航空邮件当天到达，人们为之欣喜万分，幸福感倍增。现在，已经很少有人写信。曾经被称为"绿色信使"的邮政人员，不少已经改行，邮票、信封、邮筒对很多年轻人已是陌生之物，他们认识邮局更多是由于邮政储蓄或快递。通信能力的提高和手段的更新，不仅改变了人的交往方式，实质上正在改变包括衣食住行在内的整个社会生产、生活方式和运行模式。

正是工业文明时代，各种各样的发明创造，极大地满足了人们对便捷、舒适甚至豪华生活的需要，享乐主义、消费文化盛行。同时，因为企业和工厂大量地排放含碳废弃物，破坏了地球的保护层——臭氧层；农业生产为追求产量而大量使用农药、化肥后形成的有毒废弃物污染了水源、土地；出于对奢华生活的追求，滥砍滥伐祖祖辈辈传承下来的森林资源，造成水土流失；畜牧业过度养殖，没有给草场留下休养生息的机会，导致草场荒漠化严重，等等。结果，短短三百年的工业文明期间，人类改造自然的能力超过了过去数千年，其对环境的破坏程度也远非此前数千年所能比拟。不少人因工业文明享受到幸福，但也有许多人因此深感痛苦。

马克思和恩格斯早就指出，人类对自然的掠夺总有一天会遭到自然的报复。只不过，有人对这种报复有切肤之痛，有人则暂时幸免，但人类如果不进行自我调整，这种报复是不会停止的，人人终将难免因一时之福而承持久之痛。恩格斯在《自然辩证法》一书中提出著名的"自然的报复"思想，他指出"我们不要过分陶醉于我们人类对自然界的胜利。对于每一次这样的胜利，自然界都对我们进行报复。每一次胜利，起初确实取得了我们预期的结果，但是往后再往后却发生完全不同的、出乎预料的影响，常常把最初的结果又消除了。"[1]可见，对环境过度开发利用甚至是破坏，最终要付出沉重代价（图 11）。

诚如习近平同志在浙江工作期间所指出的，"你善待环境，环境是友好的；你污染环境，环境总有一天会翻脸，会毫不留情地报复你。这是自然界的规律，不以人的意志为转移。"[2]面对大自然的报复，人类

① 中共中央马克思恩格斯列宁斯大林著作编译局.马克思恩格斯选集（第三卷）[M].北京：人民出版社，2012年，第 998 页。
② 王小玲：深刻领会并自觉践行习近平生态文明思想[N].中国环境报，2019 年 9 月 24 日，第 1 版。

图 11　大自然的报复，地球生命无一幸免

社会已经开始反思如何以降低碳排放为主要抓手，倡导绿色生活方式，构建人与自然和谐相处的共生关系。保护好绿水青山则是生态建设的关键，也是人类社会解决碳排放难题的正确打开方式。否则，人类将因此遭遇自然更多、更为严厉的报复。

二、中国的崛起与碳汇创意

资本主义国家疯狂排放含碳气体时，中国尚处于半殖民地半封建社会，传统农业占主导地位，工业发展缓慢。因此，过去数百年里，工业文明形成的碳排放主要源于西方主要发达国家，他们也是碳排放的最大受益者，理应对减碳降碳承担更多的责任。但他们却以中国崛起为由，要求中国承担与他们同样的责任，试图以生态之名，道德绑架中国的发展。中国的党和政府以负责任的态度，立足全球可持续化发展的人类共同目标，率先提出碳汇创意，为全球寻找了一条共同应对生态危机的有效路径，赢得世界的高度认同。

中国的崛起之路从未一帆风顺，始终在与惊涛骇浪进行搏斗。西方一些政治势力视中国的崛起为一种威胁，他们以西方"富必称霸"的想法臆测中国的崛起，认为中国的强大将对西方的发展与安全构成威胁，形成了甚嚣尘上的"中国威胁论"，在舆论上诋毁中国的国际形象，企图破坏中国对国际资本、技术和人力资源的吸引力。在对外政

43

策方面,则以此为借口,向中国提出更为苛刻的要求。

2007年,世界上最大、最强的八个国家的首脑在德国海利根举行八国首脑峰会,会议最初拟定的主题是全球化时代的经济贸易,但最终确定的议题则是应对气候变化。因为全球气候变化已经成为人类共同面对的挑战,关乎人类未来的命运。当年,中国已经成为仅次于美国的二氧化碳排放第二大国,许多发达国家开始要求中国承担更多责任。

事实上,西方国家对中国的无端指责忽视了问题的根源,也没有反映中国的贡献。

首先,看污染主体,现在大气层中比正常情况高出1倍的二氧化碳浓度主要是20世纪100年间工业文明的产物,工业化国家是主要污染主体。因为全球60%以上的能源和50%以上的矿产资源,由占全球人口不足15%的发达国家在20世纪消耗,它们排放的二氧化碳是污染的真正来源。[①] 而中国才刚从传统农业大国转向制造业大国,二氧化碳排放刚刚开始,人均二氧化碳排放量不到发达国家平均水平的三分之一。

其次,要正确分析中国排放二氧化碳的原因。正是在改革开放中,大量的发达国家将产品生产转移到中国,相应地将二氧化碳排放地转移到中国。因此中国是在为相当一部分发达国家排放二氧化碳,而主要受益者仍然是他们。

最后,西方忽视了中国采取的应对之策。对于中国等大量发展中国家而言,通过工程技术把二氧化碳重新固定,成本非常昂贵。但是如果通过植树造林,利用植物光合作用来固碳,成本就非常低。正是在海得利八国峰会上,时任中国国家主席的胡锦涛反驳了西方国家的无端指责,向全世界提出建立"碳汇森林"倡议,得到各国政

---

① 仇保兴.生态文明时代乡村建设的基本对策[J].城市规划,2008年第4期,第9—21页。

府的积极响应。[①] 向世界提出建设碳汇森林方案是中国智慧对全球的贡献，它克服了单纯的、片面的、"一刀切"的降碳减排对发展中国家可能造成的伤害，体现了气候危机面前人类社会共同担当的责任感。

三、碳福问答：忽冷忽热影响有多大?

碳碳："福福，我总听到人们抱怨气候变差了，原来都是生态环境恶化导致的。"

福福长叹一口气："是的，好消息是人们认识到问题的根源，但糟糕的是目前生态环境危机还在不断加剧。"

碳碳："气候变化对海洋的影响好像特别明显，有些年份会出现海面温度持续异常偏冷或者增暖的现象。"

福福："碳碳，你知道的气候知识还挺多的，海面温度持续异常偏冷是'拉尼娜现象'，升高则是'厄尔尼诺现象'。"

碳碳："这两种现象除了改变海面温度，还会带来什么影响吗?"

福福："'拉尼娜现象'一般出现在'厄尔尼诺现象'之后，征兆是飓风、暴雨和严寒，二者都会造成全球气候异常，而且持续时间一般长达一年左右。"

碳碳："真糟糕。生态环境危机不仅会造成极端恶劣天气，肯定也会造成经济损失吧?"

福福："是的，比如'厄尔尼诺现象'会导致暖流出现，而生性喜冷水的鱼类会因此大量死亡，使渔民们遭受经济损失。"

碳碳："看来保护生态环境真的很重要，直接影响气候变化和经济发展。"

福福："碳碳，你总结得太对了! 生态概念从内涵上超出了环境的深度，环境和生态都属于自然，在不甚严格的意义上，可以说环境等

---

① 再会八国峰会全球化问题考验世界 [J].重庆与世界，2007 年第 6 期，第 46—49 页。

值于自然。对于人类来说，自然就是环境，环境就是自然。理论上，'作为自然界的自然，是一个自我诞生、自我发展、自我转化、无外力——人类的力量——干预的独自的状态。'[1] 所以，人类需要认识自然，尊重自然，与自然和谐相处。"

第二节　生态文明渐次开启

福福："碳碳，你知道吗？你现在的影响力越来越大了。人类社会因为资本主义和社会主义等意识形态争论了一个世纪，如今因为你，大家能够坐下来，共同反思人类生活方式。"

碳碳："哈哈，不是我厉害，可能是因为气候环境带来的影响对每个人都是公平的，所以不管什么社会制度，都要坐下来一起想办法，才能拯救地球生态。"

福福："保护环境成为全球的共识，不过，不同的社会制度、民族文化都会影响人们对碳福的理解。有的人只想造福自己，并不考虑人类的持续发展；而有的人想着为他人谋幸福，虽然前路艰难，但会费心研究如何实现碳福。"

碳碳："就像中国古人几千年前就在说'天人合一'，虽然古人没有提到我的名字，但我感觉他们的思想里也包含着我。"

福福："是的，那时人们还不认识你，也感觉不到你的影响。随着科技的发展，人们不断为新发现和新发明命名，这个世界越来越容易被认识了。所谓名正言顺啊！"

碳碳："确实如此。仅仅文明这个词，人们就已经分出了原始文明、农业文明、工业文明和生态文明。生态文明跟我一样，应该算是新名词了。"

---

① 乔清举.儒家生态思想通论［M］.北京大学出版社，2013 年，第 15 页。

福福："没错，新的文明总是在旧的文明中孕育，它的成熟落地，意味着旧的文明发展到了最高阶段并开始没落。生态文明从概念提出、形成理论到成为政治纲领和人类的行动指南，是一个渐次开启的过程，它是人类认识自然、理解自身的最新成果。"

一、一种新的文明观

从人与自然的关系看，每一次文明更替都代表着人类社会对自然态度的变化和认识的进步。原始文明阶段，人们惧怕自然，常常将幸福生活寄托于特定的英雄和神灵，各种神话正是在此阶段孕育。比如女娲补天、夸父追日等；农业文明时期，人们开始认识自然、顺应自然，中国的农历便是一个佐证，人们设计出二十四节气，据此安排农事；工业文明时期，人们挑战自然，发明了蒸汽机、发现了电、制造了各种超过人力和马力的机械设备，飞机、飞船上天了，"嫦娥奔月"不再是梦，潜艇下了海，畅游"海底两万里"不再属于科幻小说；钻井探头入了地，打开了一个个"聚宝盆"。面对如此巨大的成就，人类社会形成了"人定胜天"的改造自然的强烈欲望。

与原始文明、农业文明成千上万年的历史相比，工业文明虽然历史较短，仅200余年，但取得了原始文明和农业文明时代难以想象的发展成果。然而，"祸兮，福之所倚；福兮，祸之所伏"。工业文明时代，人类社会的生存环境发生了根本性变化。一方面，工业化给许多国家和民族，特别是发达国家带来翻天覆地的生活变化，人类因此感受"幸福"；另一方面，过度扩张的工业化生产造成了日益严重的全球生态危机，人类又因此感到"不幸"。正是这幸与不幸的矛盾，迫使人类思考社会发展的方向和方式。在此情形下，少数生态学家自20世纪60年代开始提出"生态文明"的概念，并逐渐得到世界多数国家的认可，被列入联合国等国际组织的行动纲领中。

生态文明是人类社会发展进入新阶段的一种标志，在此阶段人们选择与自然和谐相处（图12）。生态文明是对农业文明、工业文明的扬弃。一方面发扬前两种文明的精华，另一方面又要抛弃其中阻碍人类可持续发展的消极因素，使现代经济社会发展建立在生态系统良性循环的基础上，实现人类生存与自然环境的协同进化。它是一种可持续发展的文明形态，是一种实现人口、资源、环境生态相协调的新的社会结构模式，不仅仅包含经济发展的模式，也包含了技术、文化习俗、法律制度、政治结构等方面，是整体性的、革命性的社会变革。[①]比如，绿色法治的观念正被越来越多的人所接受。

图 12　碳碳喜迎新文明

生态文明是工业文明发展到一定阶段的必然产物，是人类社会文明发展进步的重大成果。它以实现人类社会与自然环境的和谐发展为主旨，反映人类长期以来认识自然发展规律所取得的积极成果，代表人类文明发展进步的方向和趋势，是对工业文明时代与自然关系的扬弃，也是对人类尊重自然，顺应自然规律传统主张的弘扬与回归。

二、生态思想的拓荒

一种文明的确立、一个时代的到来，都需要有一批早期的思想拓荒

---

① 仇保兴.生态文明时代乡村建设的基本对策［J］.城市规划，2008 年第 4 期，第 9–21 页。

者。从中国人最早提出的"天人合一"世界观，到现代的"生态学"成为一门科学；从美国环境学家卡逊的《寂静的春天》到中国农业生态学家叶谦吉的《生态农业：农业的未来》，人类对生态文明的探索不断深入。

（一）"天人合一"的思想

"中华民族向来尊重自然、热爱自然，绵延 5000 多年的中华文明孕育着丰富的生态文明。"① 儒家思想历来主张"天人合一"，倡导人们尊重自然规律，它是中国数千年绵延不绝的生态文明的基因。比如，《荀子·天论》称："天行有常，不为尧存，不为桀亡。应之以治则吉，应之以乱则凶。强本而节用，则天不能贫；养备而动时，则天不能病；循道而不贰，则天不能祸。"言下之意，大自然有自己的运行规律，这种规律客观存在，不会因为人世间产生了尧这个圣人而存在，也不会因为商朝出了暴君桀而消失。此即通常我们所说的，客观规律的存在不以人的意志为转移。如果人类社会遵循自然规律而不与之对抗，那么自然也就不会祸害人类。显然，习近平生态文明思想从历史上就与人类的福祸观相呼应。既然"应之以治则吉，应之乱则凶"，那么我们今天就需要更加科学地对待生态环境治理政策和行动，认真思考如何趋吉避凶。

至于如何与自然和谐相处，古代思想家也给予我们丰富的启发。《论语·述而》有"钓而不纲，弋不射宿"的规训。据说，上古时代，夏禹执政时曾颁布禁令："春三月，山林不登斧，以成草木之长。夏三月，川泽不入网罟，以成鱼鳖之长。"它和我们今天的禁止滥伐、设立休渔期、保护野生动物、维护生物多样性等生态文明措施一脉相承。

季羡林先生曾对西汉大儒董仲舒的"天人之际，合而为一"做过解释。他称，天，就是大自然，人，就是人类，合，就是相互理解，结成友谊。进一步讲，儒家思想认为，人在天地之间，与万物同流。天人无间断，合为一体。对此，宋代程颐曾言"人之在天地，如鱼在

① 习近平. 推动我国生态文明建设迈上新台阶［J］. 当代党员，2019 年第 4 期，第 4-10 页。

水，不知有水，只等出水，方知动不得。"此处"在水，不知有水"的情景，颇像人们常说的"身在福中不知福"。

中国历代的思想家，无论是儒家、道家、法家、佛家还是其他诸子百家，均有大量关于人与自然的精辟论断。比如，道家提倡"因天地之自然"，以实现"人与天合""神与道合"。"天地人一体同道"表达了与天地自然和谐相处的理念和追求。中国佛教以圆融慈悲的生态精神，提倡万物众生的慈爱和悲悯，劝导人们不轻易伤害自然界其他生命体，丰富发展了佛教的生态思想和哲学智慧。这些思想与儒家的生态思想具有异辙同归之处，共同指向天地人的同体与和谐共存，相异而互补的生态思想，既是当代生态文明建设的重要文化资源，也为当代生态文明建设提供了借鉴与启迪。①

（二）"自然的报复"思想

显然，生态文明的思想发轫于农业文明。工业文明时代，人们沉浸于工业化、机械化、电气化、现代化等种种新技术、新思潮和新体验中，似乎一度忘却了这种思想。当工业文明带来大量环境恶化的现象后，哲学家和环境学家们首先开始了反思。

马克思和恩格斯的"自然的报复"思想率先对环境破坏的恶果发出警告。马克思和恩格斯分别对北美和英国的生态环境破坏给予批判。马克思在《资本论》中指出，城市人口的集中化趋势，一方面推动了经济发展，另一方面破坏了土壤生态和工人的身体健康及精神生活。他认为，"一个国家，例如北美合众国，越是以大工业作为自己发展的基础，这个破坏过程就越迅速。"②恩格斯在《英国工人阶级状况》中详细描述了工业化过程中英国城市的环境污染情况。他指出，英国的大城市如伦敦、曼彻斯特等空气污染严重、饮用水安全状况堪忧、河

---

① 洪修平.论儒佛道三教的生态思想及其异辙同归［J］.世界宗教研究，2021年第3期，第1-10页。
② 马克思恩格斯文集（第5卷）.北京：人民出版社，2009年，第580页。

流污染日益严重。"真正令人发指的，是现代社会对待大批穷人的态度……一切可以清洁的手段都被剥夺了，水也被剥夺了，因为自来水管只有出钱才能安装，而河水又被污染，根本不能用于清洁目的。"[①] 马克思和恩格斯对工业文明的批判极具前瞻性。

恩格斯尖锐地指出："如果说人靠科学和创造性天才征服了自然力，那么自然力也对人进行报复，按人利用自然力的程度使人服从一种真正的专制，而不管社会组织怎样。"[②] 这就是"自然的报复"。

工业文明的弊端除了引起马克思、恩格斯等伟大思想家的关注外，也渐渐进入了环境学者的视野。继蕾切尔·卡逊的《寂静的春天》对农药的危害发出振聋发聩的警告以后，越来越多的学者加入生态环境保护的研究中，反思工业文明时代人与自然的关系。如生态学创始人、德国学者恩斯特·海克尔[③]的《宇宙之谜》提示了生态学诞生的秘密；法国学者阿尔伯特·史怀泽《敬畏生命》一书首次提出关于敬畏自然的原则；法国学者塞内日·莫斯科维奇《还自然之魅》，提出人类要恢复自然本有的魅力，奠定了当代生态主义运动的风格和走向；美国学者保罗·沃伦·泰勒在《尊重自然：一种环境伦理学理论》一书中直接表达了对自然的伦理情怀；美国学者奥尔多·利奥波德在《沙乡年鉴》中将道德扩展至自然，视赋予自然道德权利为道德抽象性和普适性的最后完成。

（三）生态农业思想

2017 年 3 月 14 日，上海的新媒体新闻平台"澎湃"发表了一篇题为《热爱农民的人：纪念中国生态农业理论奠基人叶谦吉》。早在 1989年 5 月 1 日，《经济日报》曾发表题为《叶谦吉与他的生态农业》的报道。生前，生态农业是叶谦吉的绿色名片；108 岁高龄逝世后，生态农业则成为他的墓志铭。他于 1982 年提出"生态农业"的概念，是最早将

①　马克思恩格斯文集（第 1 卷）. 北京：人民出版社，2009 年，第 410 页。
②　马克思恩格斯文集（第 3 卷）. 北京：人民出版社，2009 年，第 336 页。
③　Ernst Haeckel，有人译为海克尔、赫克尔或黑克尔。

生态概念引入农业领域的中国学者,被称为中国生态农业理论的奠基人。

如果大家对 1982 年到 1986 年间中国的农业生产现状有所了解的话,可能会更加敬佩这位学者严谨治学的态度。由于长期的毁林开垦、毁草种粮、重农轻林等错误思想导致生态环境被严重破坏。1981 年,中国长江流域遭遇了特大洪灾,仅四川省便有 1765 万亩耕地被洪水冲毁,占受灾地近 2% 的耕地总面积,其中逾 35 万亩不能复耕。1982 年,即那场特大洪灾后的第二年,叶谦吉在首届全国农业生态经济学术讨论会上发表了引起广泛关注的《生态农业——我国农业的一次绿色革命》的论文。论文的背后,是他整编的 30 多万张关于生态农业的科研资料卡片。

但叶谦吉提出生态农业理论时,整个中国社会对此认识不足,甚至很多地方会不自觉地予以抵制。在农民眼里,农药、化肥被当成农业丰收的最主要利器,温饱问题远比农药残留、空气污染、土壤板结等更为重要。为此,叶谦吉在进行理论探讨和传播的同时,选择了一些县、区进行试点。令人欣喜的是,试点区和试点县都取得了明显的成效:农民增产增收、脱贫致富,农村生态环境明显改善,抵御自然灾害的能力显著增强。《经济日报》曾称:"试验区 114 个村的山绿了,水清了,土肥了,水土不再流失了,干枯了 30 多年的井重新冒水了,吃返销粮的村向国家交售余粮了,试验成功了。"

1986 年,叶谦吉发表了《生态需要与生态文明建设》,首次提出"生态文明"的概念,他将其理解为"人类既获利于自然,又还利于自然,在改造自然的同时又保护自然,人与自然之间保持着和谐统一的关系。"这一观点,既吸收了中国传统的"天人合一"的思想,又肯定了工业文明时代形成的人类改造自然的主观能动性。

2017 年中共中央一号文件提出,农业供给侧改革要"推行绿色生产方式""增强农业可持续发展能力"。至此,从叶谦吉提出生态农业理论,到国家从政策层面给予具体响应,走过了 30 年历史。这 30 年是中国农业、工业和社会各方面发生巨变的历史阶段，也是生态文明不断深入人心的重要阶段。

三、一场中国化的探索

如今，中国社会已经充分认识到，"工业化进程创造了前所未有的物质财富，也产生了难以弥补的生态创伤。杀鸡取卵、竭泽而渔的发展方式走到了尽头，顺应自然、保护生态的绿色发展昭示着未来"①。生态文明建设已经写入中国宪法和《中国共产党章程》，成为全中国人民共同的意志，成为"五位一体"总体布局的重要组成。在此，我们不妨对马克思主义生态观中国化的伟大历程进行概要回顾，以便历史地理解中国生态文明实践。

（一）新中国的生态观演进

新中国成立后，以毛泽东为核心的第一代中央领导集体对社会主义中国的环境问题治理进行了初步探索。新中国成立初期，中国共产党环境保护工作的重点是国土绿化、水土保持、环境卫生。此后几十年中，逐步形成了环境保护的理念，树立了社会主义国家也存在环境污染的观念，初步认识到环境保护制度建设的必要性，并于1973年召开中国第一次环境保护会议，制定了"三同时"制度、环境影响评价制度、排污收费制度，开启中国特色社会主义生态文明制度建设。此间，出台了《关于保护和改善环境的若干规定（试行草案）》，强调兼顾经济发展和环境保护两方面的工作，要制定长期计划和年度计划。

以邓小平为核心的第二代中央领导集体更加重视绿化祖国、环境保护立法、环境保护与现代化的关系，以及环境保护科学研究与人才培养。特别是邓小平多次强调植树造林和国土绿化的重要性，推动设立"植树节"，强调"植树造林、绿化祖国，是建设社会主义、造福

---

① 习近平.共谋绿色生活，共建美丽家园——在2019年中国北京世界园艺博览会开幕式上的讲话［N］.人民日报，2019年4月29日，第1版。

后代的伟大事业。"① 十一届三中全会后，《中共中央批转〈环境保护工作汇报要点〉的通知》指出，环境保护工作"不能看作是额外负担，也不是可抓可不抓的小事情，而是非抓不可的一件大事情。""绝不能走先建设、后治理的弯路，我们要在建设的同时就解决环境污染的问题。"② 这是我党首次以党中央的名义对我国的经济建设道路做反思，做出不走资本主义"先污染后治理"老路的历史性决定。

改革开放后，中国保持高速发展的同时，环境保护问题不可避免地变得更加突出。一些地方相继发生的环境污染影响群众生活的重大事件引起党中央的高度重视。江泽民 2001 年 2 月指出，"破坏资源环境就是破坏生产力，保护资源环境就是保护生产力，改善资源环境就是发展生产力。"③ 此后，他又告诫党内外，"如果在发展中不注意环境保护，等到生态环境破坏以后再来治理和恢复，那就要付出沉重的代价，甚至造成不可弥补的损失。"④ 党的十六大提出，"走出一条科技含量高、经济效益好、资源消耗低、环境污染少、人力资源优势得到充分发挥的新型工业化路子。"⑤ 朱镕基在 2002 年第五次环境保护会议上强调，"加快经济建设，绝不能以破坏环境为代价，绝不能把环境保护同经济建设对立起来或割裂开来，绝不能走先污染后治理的老路。"⑥

在科学发展观的基础上，胡锦涛将生态环境保护事业提高到生态

① 中共中央文献研究室，国家林业局.新时期党和国家领导人论林业与生态建设［M］.北京：中央文献出版社，2001 年，第 7 页。
② 《中国环境保护行政二十年》编委会.中国环境保护行政二十年［M］.北京：中国环境科学出版社，1994 年，第 456 页。
③ 中共中央文献研究室.江泽民论有中国特色社会主义（专题摘要）［M］.北京：中央文献出版社，2002 年，第 282 页。
④ 江泽民.江泽民文选（第 1 卷）［M］.北京：人民出版社，2006 年，第 532 页。
⑤ 江泽民.全面建设小康社会，开创中国特色社会主义事业新局面［N］.人民日报，2002 年 11 月 18 日，第 1 版。
⑥ 国家环境保护总局办公厅.环境保护文件选编 2002（上册）［M］.北京：中国环境科学出版社，2003 年，第 417 页。

文明的高度。2005 年胡锦涛在中央人口资源环境工作座谈会上首次使用"生态文明"概念，要求加强生态文明教育。党的十七大在党的历次代表大会上首次正式提出"建设生态文明""使生态文明观念在全社会牢固树立"。2008 年 1 月 29 日，胡锦涛在中共中央政治局第三次集体学习时指出，"贯彻落实实现全面建设小康社会奋斗目标的新要求，必须全面推进经济建设、政治建设、文化建设、社会建设以及生态文明建设，促进现代化建设各个环节，各个方面相协调。"① 从而非常明确地将生态文明建设与政治建设、经济建设、文化建设、社会建设并列。党的十八大报告正式将生态文明作为中国特色社会主义事业总体布局的一部分，生态文明建设的地位得到前所未有的提升。

2018 年 5 月 18 日至 19 日，全国生态环境保护大会上，习近平总书记首次提出"生态文明体系"。他指出，加快解决历史交汇期的生态环境问题，必须加快建立健全以生态价值观念为准则的生态文化体系，以产业生态化和生态产业化为主体的生态经济体系，以改善生态环境质量为核心的目标责任体系，以治理体系和治理能力现代化为保障的生态文明制度体系，以生态系统良性循环和环境风险有效防控为重点的生态安全体系。②

2019 年，习近平总书记在《推动我国生态文明建设迈上新台阶》一文中强调，新时代推进生态文明建设，必须坚持好以下原则：一是坚持人与自然和谐共生；二是绿水青山就是金山银山；三是良好生态环境是最普惠的民生福祉；四是山水林田湖草是生命共同体；五是用最严格制度最严密法治保护生态环境；六是共谋全球生态文明建设。③

---

① 新华社电.中共中央政治局进行第三次集体学习胡锦涛主持［EB/OL］.中华人民共和国中央人民政府网，2008 年 1 月 30 日，https://www.gov.cn/govweb/ldhd/2008–01/30/content_875166.htm。

② 首次公开！习近平总书记在全国生态环境保护大会上的讲话全文［EB/OL］.搜狐网，2019 年 1 月 31 日，https://www.sohu.com/a/292718724_99911373。

③ 习近平.推动我国生态文明建设迈上新台阶［J］.当代党员，2019 年第 4 期，第 4–10 页。

（二）生态文明成为共同意志

中国特色社会主义以坚持中国共产党的领导为根本保障，党关于生态文明建设的思想和理论需要化作全党、全国人民的共同意志和行动纲领，才能形成磅礴之力，加快中国式现代化建设进程。生态文明写进党章，纳入宪法，成为"五位一体"的重要组成部分，体现全党全国人民对生态文明建设的坚定决心。

2007 年，党的十七大报告把"经济增长的资源环境代价太大"列为当时国家经济社会发展中要面临的首要问题，将"建设资源节约型、环境友好型社会"作为党章总纲的重要内容，将环境保护摆上党和国家重要议事日程，成为社会主义建设事业紧迫任务。①"人与自然和谐相处"成为和谐社会应当坚持的原则。

2012 年，党的十八大把生态文明建设纳入中国特色社会主义事业总体布局，将"生态文明建设"写入了党章，使之成为全党的共同行为指南。2017 年，"绿水青山就是金山银山"理念写入了党的十九大报告。2018 年十三届全国人大将生态文明写入宪法。由此，以"绿山青山就是金山银山"重要理念为核心的习近平生态文明思想正式成为全党、全国人民的共同意志。

2021 年，习近平指出："在'五位一体'总体布局中，生态文明建设是其中一位；在新时代坚持和发展中国特色社会主义的基本方略中，坚持人与自然和谐共生是其中一条；在新发展理念中，绿色是其中一项；在三大攻坚战中，污染防治是其中一战；在到本世纪中叶建成社会主义现代化强国目标中，美丽中国是其中一个。这充分体现了我们对生态文明建设重要性的认识，明确了生态文明建设在党和国家事业发展全局中的重要地位。"②

① 新华社电.胡锦涛在中共第十七次全国代表大会上的报告全文［EB/OL］.2007 年 10 月 24 日，https://www.gov.cn/govweb/ldhd/2007-10/24/content_785431.htm。
② 习近平谈治国理政第四卷［M］.外文出版社，2022 年，第 360-361 页。

四、碳福问答：怎样才算"绿盈乡村"？

碳碳："原来，中国已经把生态文明建设融入国家建设的方方面面了。"

福福："是的，在党中央的推动下，各地生态文明建设可谓是百花齐放。比如，福建省打造具有八闽特色的'绿盈乡村'品牌，作为推进乡村生态振兴工作的重要抓手。"

碳碳："怎样才算是'绿盈乡村'呢？"

福福："简单理解就是让绿色充满乡村环境。具体有四大内涵：[①]一是'绿化'，要林灌草结合，实现村庄处处有绿、是山皆绿、树带围村、花带围宅、绿篱围院，让绿色成为福建乡村振兴的底色。二是'绿韵'，要不断改善生态环境质量，生态保护与建设的成效要体现在蓝天上、小溪间、田埂里，实现天更蓝、水更清、田更洁等八个方面目标。三是'绿态'，要树立绿色发展导向，不断推动形成绿色发展方式和生活方式。四是'绿魂'，要把生态文化理念扎根村庄，并转化为村民的思想行动自觉，将生态文明建设融入乡村振兴的全过程，形成浓厚的生态文化氛围。"

碳碳："哇，实现了绿盈乡村之后的乡村环境该有多美丽！人们该不愿意去城市了吧？"

福福："那当然好，乡村振兴正需要吸引人才返乡呢。"

第三节　福建结缘先行先试

碳碳："福福，既然全国各地都在建设生态文明，中国那么大，咱们为啥能够在福建巧遇呢？"

福福："俗话说得好，有缘千里来相会，无缘对面不相识。我们与福建的缘得感谢这里的福山、福水、'福'文化，还有福建先行先试保

---

① 魏然．打造"绿盈乡村"绘就振兴蓝图［N］．福建日报，2019 年 3 月 22日，第 1 版。

护绿水青山的远见。"

碳碳："'福'文化我现在理解了，'先行先试'的远见体现在哪里？"

福福："那我考考你，还记得前面介绍过的福建实践'两山'理念优势吗？"

碳碳："当然记得，福建探索'绿水青山就是金山银山'的实践起步早、历史久、经验丰富。"

福福："答对了。福建率先共享碳福具有两方面的优势。一方面是'两山'理念起步早；另一方面是福建省内'绿水青山'的自然资源丰饶。这两方面也是福建得以结缘国家生态文明试验区的重要基础。"

碳碳："福建人民真幸运，好好守着这些优势就能享福了。"

福福："那可不行，优势不一定能直接转变为福。要想真正共享碳福，既要守好祖祖辈辈留下来的绿水青山，还要高瞻远瞩，提前谋划。更重要的是，要一代接着一代干，珍惜这份碳福之缘。"

一、守住水土先行积福

福建的地理特征可以简单概括为有山、有水、有海、有林，更为具体形象的说法是"八山一水一分田"。中西部山多、森林资源丰富，穿行山间，所见之处多为山清水秀，常现云雾萦绕，宛如仙境；东部地区海域面积广阔，海洋资源丰富。"这种良好的自然生态系统是大自然的恩赐，也是广大干部群众长期以来精心保护和建设的结果。"[①] 这种"精心保护和建设"就是福建人民早期的生态文明实践。

由于历史原因和自然条件限制，福建省同样面临着艰巨的生态治理任务，特别是山区水土保持形势严峻、滨海地区面临台风等极端天气的影响。自古以来，治水都是民生大事，也是"为官一任，造福一方"的典型政务。新中国成立后，福建省各级党委和政府首先从水土流失治理开始，进行了大量的生态治理和保护试验。比如，早在1949

---

① 孙春兰．坚持科学发展建设生态文明——福建生态省建设的探索与实践[J]．求是，2012年第18期，第17-19页。

年，福建便在长汀建立了水土流失治理试验区，逐步形成了"长汀经验"，取得了显著的生态效益、经济效益和社会效益。对此，本书将在第三章详细介绍。

福建的海岸线长度居全国第二，福建人民长期坚持建立和维护沿海沿江生态廊道，在防风固沙、抵御风暴潮中发挥了重大作用。通过建设"千里海堤""千里江堤"等一系列重大工程，福建省成为全国第一个县级以上城区基本达到国家设防标准的省份。同时，福建省较早实现了生态平衡发展的地区协调机制，即将生态脆弱的欠发达地区与经济发达地区统筹考虑，提出了"抓好山海两条线、念好山海经""沿海、山区一盘棋"等战略构想，形成"人往沿海走、钱往山区拨、沿海发展产业、山区保护生态、发展飞地经济、促进山海互动"的态势[①]，努力缓解生态脆弱区环境保护与经济发展之间的矛盾。[②] 概括而言，福建的生态之福并非从天而降，而是一代代福建人日积月累所得，此亦可谓"积福"。

二、高瞻远瞩提前谋福

福建省结缘生态文明之福，验证了一句老话："机遇偏爱有准备者。"较早提出并实施"生态省"战略便是福建省为结缘生态之福所做的最重要的准备。早在 2000 年，习近平同志担任福建省省长期间极具远瞻性地提出建设生态省战略构想，2002 年 3 月习近平同志在福建省政府工作报告中正式提出建设生态省的战略目标，福建省成为全国第四个生态省建设试点省。

生态省构想的提出与战略目标的推进，为福建省成为全国生态文明先行先试的试点单位创造了重要条件。早在 2001 年，福建省率先全面治理餐桌污染，建设食品放心工程；2004 年出台《福建生态省建设总体规

---

① 福建省人民政府发展研究中心课题组.福建省生态文明的历程与启示[J].发展研究，2018 年第 10 期，第 46-54 页。

② 同上。

划纲要》，计划在 20 年内总投资至少 700 亿元，完成以生态农业、生态效益型工业、生态旅游和绿色消费为基础的生态效益型经济等六大体系建设；2011 年，福建省第九次党代会提出"建设更加优美、更加和谐、更加幸福的福建"，直接将生态建设与人民的幸福生活关联，2013 年福建省委九届九次全会提出，要加快生态省建设，争取创建全国生态文明先行示范区，努力实现"百姓富、生态美"的有机统一。

正如改革开放中福建晋江人的实践所证明，爱拼才会赢。福建人民在生态文明建设上的这股拼劲，赢得了党中央和国务院的充分肯定，并被委以重任。2014 年和 2016 年，党中央、国务院相继印发了《关于支持福建省深入实施生态省战略加快生态文明先行示范区建设的若干意见》和《国家生态文明试验区（福建）实施方案》等文件。福建因此成为首个国家级生态文明先行示范区和首个国家生态文明试验区。根据党中央、国务院统一安排，"已经部署开展的福建省生态文明先行示范区、三明市等全国生态保护与建设示范区、长泰县等生态文明建设示范区等综合性生态文明示范区统一整合，以国家生态文明试验区（福建）名称开展工作，泰宁县等国家主体功能区建设试点、厦门国家'多规合一'试点、长汀县全国生态文明示范工程试点、武夷山国家公园体制试点、长汀县等国家水土保持生态文明工程、莆田市等全国水生态文明城市建设试点、厦门等国家级海洋生态文明示范区等各类专项生态文明试点示范，统一纳入国家生态文明试验区平台集中推进"[①]。从此，"低碳""绿色"成为"清新福建"主旋律，构成"福"文化的新内涵。

三、接续努力惜缘惜福

长期浸润于浓郁的传统"福"文化之中的福建人民深知，党和国家对福建生态文明建设寄予厚望，此乃福建人民的福分。因此，福建

---

① 中共中央办公厅 国务院办公厅印发《关于设立统一规范的国家生态文明试验区的意见》及《国家生态文明试验区（福建）实施方案》[Z].国务院公报，2016 年第 26 号。

人民要正视生态挑战，抓住重大机遇，找准战略定位，建设美丽福建，倍加珍惜这份难得的福缘、福分和福气（图13）。

图13 福福偏爱惜福人

首先，要充满信心，坚定碳福在闽。数十年来福建人民走人与自然和谐相处的绿色发展新路，已经取得了显著的成效。福建省的生态环境质量长期稳定在优良水平上，生态环境状况指数（EI指数）全国第一；以武夷山国家公园为主体的自然保护地体系基本形成，全省约有80%以上的国家重点保护野生动植物物种、70%以上典型生态系统和主要江河源头森林植被得到有效保护；茶叶、水产、畜禽、食用菌等乡村特色产业向适宜区集中、向产业园集聚。[①]此外，绿色经济系统效益凸显，人居环境品质显著提高，生态制度改革深入推进，特色生态文化传承成果丰富。

其次，要正视不足，提升碳福质量。目前，福建省生态文明建设仍然面临着土地、环境、碳排放、能耗等制约因素，尚需优化产业结

———————

① 福建省人民政府关于印发深化生态省建设打造美丽福建行动纲要（2021—2035）的通知［Z］.福建省人民政府公报，2022年12月20日。

构，充分开发风能等新能源，提高老旧工业园区布局的集约化水平，围绕臭氧这一首要大气污染物开展工作，提高近岸海域水质达标率，全面改善小流域水质，加强环保基础设施建设水平和质量，合理调整森林结构，增强环境安全风险隐患意识。①

最后，要抓住机遇，促进碳福开花。当前，福建生态文明建设面临的机遇包括四方面：习近平总书记重要指示明确了前进的方向、碳达峰碳中和战略注入了绿色动力、国家重大战略叠加释放开放红利、四大经济比较优势日益凸显。②

迄今，福建省、市、县等各级党委和政府陆续出台的倡导绿色低碳生活的政策、措施和制度，充分表明八闽大地珍惜碳福之缘、探索碳福之道、共享碳福的信心和决心。历史和现实均已表明，福建人民在党和政府的领导下，完全有能力成就"清新福建、人间福地"的美丽愿景，碳福的未来已来。

四、碳福问答：怎样成为"天然氧吧"？

碳碳："福建的生态文明建设起步真早！"

福福："而且成果也很显著啊！福建省已经有 13 个荣获'中国天然氧吧'国字号的生态名片地区了。"

碳碳："天然氧吧是什么意思？"

福福："天然氧吧是指自然条件下形成的氧吧，多指植被茂密、氧气含量大的地方。"

碳碳："具备什么样的条件可以申请'中国天然氧吧'的称号呢？"

福福："申报的条件很多。比如，生态环境质量优良，适宜旅游、休闲、康养，区域面积不小于 200 平方公里，等等。"

碳碳："哇！看来福建良好的自然环境已成为一张极具影响力的生

---

① 福建省人民政府关于印发深化生态省建设打造美丽福建行动纲要（2021—2035）的通知［Z］.福建省人民政府公报，2022 年 12 月 20 日。

② 同上。

态名片了。"

福福："是的，这张生态名片也成了旅游名片，很多游客都冲着'氧吧'慕名而来。比如 2022 年新增的氧吧——宁德市周宁县，境内山清水秀、空气清新，同时周边旅游资源丰富，地处'闽东北亲水游'线路中心位置，东邻三都澳和白云山、太姥山，西接武夷山，西南连接白水洋。"

碳碳："真不错，找个周末我们一起去吸吸氧吧！"

福福："没问题。如今，家人和朋友相约一起去大自然里感受'森林浴'，让树木、花草散发的植物香气消除工作的疲惫，已经成为时尚。咱们也不能'OUT'了。"

碳碳："那是必须的。四处走一走，我们也可以仔细品一品，究竟碳福在谁家，到底有多美。"

第三章　揭秘：碳福到谁家

图 14　碳福品茗开启福建之旅

福福："碳碳，现在有那么多人开始重新认识碳的作用，他们已经感觉到，碳不仅不坏，而且还不可或缺呢！你应该高兴起来了吧？"

碳碳："是的，福福。我不再担心被当作坏分子了。不过，我觉得，仍然有不少人不知道碳福在哪里。"

福福："没关系啊！碳福本来就是一种新体验，肯定是那些敢于尝鲜者先试先得。而且，它深藏'两山'中，不懂得'绿水青山就是金山银山'的人一时还找不着它呢。"

碳碳："这么说，福建人既率先结缘生态文明试验，又懂得惜缘谋福，那八闽大地应该最能够率先享受碳福之美。"

福福："的确如此。不用说'七溜八溜，不离虎纠（福州）'的省城人，也不用说'海上花园城市'的厦门人，就是那些曾经生活在贫困山区的守林人、水土流失严重的山里人，都有自己的碳福故事。"

碳碳："听说福建还有一所'两山学堂'，我们不妨先去那里探个究竟，听听深藏'两山'中的'碳福'究竟是一种怎样的'福'文化。"

由此，碳碳与福福两个小精灵，开启了碳福探秘之旅（图14）。那些生活在山海间的护林人、巡河人、治沙人、唤鸟人、网格员、茶农、艄公、渔民、民宿主、刘教授……各有各的碳福经。

第一节　碳票当嫁妆喜迎两山福

碳碳："福福，这个'三明市生态文明建设实践主题展馆'，就是你要带我来看的'两山学堂'吗？为什么这么偏的小山村还要建学堂？"

福福："你可别小瞧这个山村。这里可是'两山'理念的源头。可能你还不知道，这些年三明市在生态林业、生态农业等方面都有很多创新的实践，不仅保护了环境，也带动了当地的经济，比如常口村领到了中国首张林业碳票。"

碳碳："林业碳票？又有新名词啦。不过，你先别说，我要自己去展馆看一看。"

一、一张照片里的三篇文章

"两山学堂"正式启用于2023年5月底，福建省社科联组织的"习近平生态文明思想与中国式现代化"研讨会是该学堂接待的第一场省级活动。与"两山学堂"一路之隔便是常口村的村民居住区。走过双向单车道的马路，迎面有一家小卖部，店主人很热情地邀请与会客人品尝当地的"擂茶"。很多客人坐下来聊天，不是因为想喝茶，而是想弄清楚什么叫"擂茶"。特别是外省的客人，本来就已经被福建茶文化的丰富多彩所惊讶，怎么也没有想到，还有更"擂"的。据介绍，2022年，将乐县擂茶文化电商节"线上+线下"实现销售额1400万元。

聊得兴起，客人们还没有真正理解擂茶究竟是加一点鱼腥草好，还是不加更妙，店主人神秘地从里屋搬来一张放大后的照片，眼里充满自豪与幸福。其实，那照片上看不出他本人，只不过当时他作为镇里的工作人员成为拍照时在场的三位村民代表之一，见证了这一历史时刻。

照片记录了1997年习近平同志来常口村调研时的珍贵时刻。正是在此次调研中，习近平同志极富远见地指出，"青山绿水是无价之宝""山区要画好山水画，做好山水田文章"。常口村干部群众为本村成为习近平生态文明思想的孕育地和重要实践地而自豪，他们在村口立了两块石牌，分别书写"青山绿水是无价之宝"和"绿水青山是金山银山"（图15），"两山学堂"的开设，更加坚定了常口村画好"山水画"，做好"山水田"三篇文章的决心。

图15 "两山学堂"前的网红打卡地（陈春彦 摄）

如今，这位小店主人、照片珍藏者已经从守林护林中享受到幸福的滋味。他指着"两山学堂"对面的小山，告诉客人，那里就是自家的林子。20多年前，山林没人要，他就以较低价格收购了一批。如今，仅在常口村，他就拥有1000多亩林地。2022年与人合作生产鱼腥草，需要贷款，他便抵押了1200亩林地，获得280万元贷款，准备三年还完。现在，他每天的主要任务是巡河，保护好家门口的这条"绿水"。

村里没有私人林地的村民，则开始分享集体林地带来的幸福。一家一户的山水小景和山水田的"小作文"汇编成了将乐县生态文明实践的"山水画"和"山水田"的大文章。多年来，常口村所在的将乐县党委和政府将习近平同志的重要指示精神一以贯之，将生态保护放在发展的优先位置，坚持举生态旗、走绿色路，生态建设取得长足进步。2017年荣获"美丽中国深呼吸第一城"荣誉称号，2018年被授予国家生态文明建设示范县，2020年成为第一批国家森林康养基地之一，2021年被授予第五批"绿水青山就是金山银山"实践创新基地。经过多年努力，将乐县已经完成林权改革的有75个村，33442亩林地，林票2576.2万元，受益人口4万多，实现股权变股金，林农变股东。

二、碳票第一村的别样幸福

2021年5月18日，三明市高唐镇常口村举行首批林业碳票发布仪式，第十三届全国人大代表、时任常口村支部书记和村委会主任的张林顺领到了中国首张林业碳票。村里每人分到150元，常口村因此被称为"中国碳票第一村"。

"碳票第一村"的幸福生活是看得见、摸得着的。张林顺在向客人介绍本村情况时，经常会说"大家有没有看到"。他是多么自豪地希望大家能亲眼看到这里的碳福。让我们顺着张林顺的"导游"路线，一起体验常口村践行绿色发展理念的获得感、幸福感。

走出"两山学堂"大堂，首先映入眼帘的是一个公园（图16），此处可见小桥流水人家，还有即将盛开的荷花。张林顺说，这里过去是一个污水沟，村里实现污水改造后，成为景观湖。原来道路两旁常见的鸡鸭鹅，如今集中到一个相对偏远的地方饲养。道路两旁、农家庭院里和公共绿地上的绿植都是本地的树种，比如桂花树、香樟树等，村里的生态环境因此得到改善。常口村在实施统一规划自建时，没有像一些新农村建设那样，统一建设清一色的楼房，而是重点强调生态规划和生活空间规划，房屋的建设由村民根据自己的爱好和能力，选择合适的设计方案。因此，走在常口村，不用担心因为房屋相似而难以辨认。他们努力保持农村味道，保持原生态。无论是房前屋后的院子，还是空旷的绿地，宜花则花，宜树则树，不搞"一刀切"。

图16 常口村昔日的污水沟如今变成了休闲公园（陈春彦 摄）

空间规划的一个成果是路和水的合理布局。常口村的路不仅保障每家门口均能通车，同时别出心裁，沿路修建了浅浅的水道，清水流经每家门口，既是景观，又为大家提供了共享的鱼池。有的村民在自家门口水道里放养了观赏鱼，也有村民将河鱼暂时寄养于此。城里人养鱼是自我观赏，而常口村养鱼却是共赏，这与村里人际交往的传统完全吻合。

公共设施的规划与设计是村规的核心。除了新村部以外，这里还建起了游泳池、篮球场、老人活动中心、村卫生所等设施。或许有人会质疑，一个村建设一个游泳池是否有必要。实际上，很多在农村生活过的人都知道，过去南方农村孩子从小在河里游泳是非常普遍的。只不过，后来有一些河被污染了，游泳的场所变少。常口村村民也有下河游泳的习惯，他们改变这个习惯不是因为水被污染了，而是因为2005年这里建了水电站，河里的水位上升，最深处达30米，下河游泳变得很危险。因此，村民希望能建一个游泳池。毕竟，这里和城里不同，游泳池的水来自河水，成本要低得多。关键是，村民们不希望孩子们失去游泳的机会和能力。

说到孩子们的成长，常口村的村民更为兴奋。他们的总人口是1062人，已有148位大学生，其中有5位博士，16位硕士，平均不到8个人中就有一个大学生，这个比例可能会让大部分村羡慕不已。张林顺在接受课题组采访时说，他们一直牢记总书记的嘱托，要重视教育，培养好子女。因此，村里还能看到一个人才坊，记录着这个村的大学生及其父母的名字、学校、工作等信息，每年一更新，既是褒奖，也是激励（图17）。

图17 张林顺（左）接受本课题组的访谈（林晖 摄）

常口村从 20 世纪 90 年代就开始了第一期拆旧建新，整体规划，至今共进行了 4 次拆旧建新，最后一次是 2014 年。2019 年，常口村被评为 AAA 级村。如今，开门见绿，房前有路，听到水声，宜动宜静，成为常口村的日常生活的写照。其背后的经济支撑又是什么呢？林地的租金、生态农业和旅游项目是村里的三个财政支柱。对此，张林顺不无自豪地说，常口村因为常年围绕着生态做文章，保护生态开始出成效了。很多人看上这块风水宝地，无论是入股还是租地，常口村的收益总是比其他地方高出一倍左右。他自己表示很惊喜，说不上来是什么原因。后来有专家揭秘，由于他们长期坚持生态保护，这里的土质与众不同，种出来的果子特别香甜。直到这时，张林顺才真正领悟到"青山绿水是无价之宝"的重大意义。说到这里，张林顺讲了一个故事：20 年前有人愿意出 20 万元买他们村一块山林，生产木筷子，他们犹豫再三，幸好没有卖，否则，今天花数十倍数百倍的价格也恢复不了被砍的山林。

当然，"碳票第一村"的幸福生活远不止于此。对于张林顺而言，还有一件值得分享的幸福——女儿结婚时，"碳票"成为他送给女儿最具特色的嫁妆。更巧的是，曾经和女儿相约一起上大学、一起订婚的同村闺蜜，也收到一份同样的嫁妆。两位父亲不约而同地将女儿未来的幸福与碳票紧密联系，一时传为美谈。

在中国人的幸福观中，金榜题名和洞房花烛是两个最具代表性的幸福时刻。如今，常口村对教育的重视已经结出硕果，而嫁妆则寄予父母对儿女未来幸福生活的祝愿。人们总是选择最有用的、最时兴的、最先进、最具美好寓意的物件作为女儿的陪嫁，希望帮助她们尽快自立自强。在人们的基本生活需要难以满足的年代，衣被曾是女儿出嫁时最重要的物件，后来，自行车、缝纫机、收录机、电视机、电冰箱、小汽车等陆续入选陪嫁物。如今，碳票也成为陪嫁品，但它与此前日常消费品已经完全不同。一方面，它来之不易。每张碳票都是持有人数十年坚守的成果，绝非一朝一夕所能得。另一方面，它代表未来。因为碳票并非用来即时消费，它更多的是对未来的期待，甚至还包括一份责任。张林顺相信，不砍树也能致富，空气也能卖钱，碳票有卖有买的日子不会太远，常口村会不断品尝到"青山绿水是无价之宝"的幸福味道。

三、三方共赢的三明首创

聊到这里，有必要补充一点碳票知识，以便大家对碳票背后的幸福有更全面地了解。我们以三明市的实践为例，是因为 2020 年 12 月 23 日，全国林业改革发展综合试点市授牌仪式在三明市沙县举行，国家林业和草原局为三明市授牌，三明市正式成为全国首个林业改革发展综合试点市。发行碳票是试点成果之一。

何为碳票？直白地说，林业碳票代表某一块林地在一定时间内吸收了多少单位的碳。因为碳被树林吸收了，就不会逸入大气中，相当于被"固定"了，所以称之为"固碳量"。比如，张林顺的首张碳票代表着，387 亩山林在过去 5 年里吸收了 1577 吨二氧化碳，按照当前的价格计算，这张碳票价值 2 万多元。目前，将乐县开发林业碳票项目面积 4.8 万亩，碳票量 15.06 万吨，占三明市已开发碳票总量半数以上，实现碳票交易 1.65 万吨，交易金额 24.78 万元。①

碳票是一个新事物，它的诞生体现了三明市和林区干部群众的首创精神。

2021 年 3 月全国人大代表、福建省三明市委书记林兴禄在十三届全国人大四次会议上建议探索建立林业碳汇激励机制，促进革命老区建设与生态保护协同发展。比如，由中介收储或置换成碳票，等待时机成熟，积极开展交易。3 月 23 日，习近平总书记在三明考察调研时，肯定了三明集体林权制度改革的意义，鼓励当地干部群众探索完善生态产品价值实现机制，力争实现新的突破。随后三明市出台林业碳票管理办法和碳减排量计量方法，对林业碳票的制发、登记、流转、质

① 三明将乐：全国第一张林业碳票迎来首次分红［EB/OL］.人民网福建频道，2022 年 10 月 17 日，http://fj.people.com.cn/n2/2022/1017/c181466–40162633.html。

押、抵消、管理和监督等进行了规范，明确了部门职责、理清了工作流程，在全国率先出台林业碳票的管理办法和碳减排量计量方法，为三明市林业碳票提供了制度保障和计量方法。

2021年5月18日，全国首批林业碳票在三明市将乐县、沙县区同时签发。此次发放的林业碳票共5张，涉及面积508.7公顷，碳减排量29715吨。首单三明林业碳票的流转、收储和授信贷款交易同时完成。福建通海镍业科技有限公司购买常口村民委员会三明林业碳票2723吨；福建金森碳汇科技有限公司收储常口村民委员会10000吨、村民陈金远4415吨、水南镇联兴公司3879吨，合计18294吨；兴业银行三明分行授信福建金森碳汇科技有限公司贷款额度500万元签约。截至2023年8月，三明市已在11个县（市、区）356个村试点，涉林面积24.2万亩，制发林票总额5.8亿元，惠及村民1.96万户、7.8万人，带动试点村财每年增收5万元以上，实现了国家、集体、林农三方共赢。[①]

从习近平总书记指明方向到党中央、国务院的政策支持，从林权改革到碳票概念的提出，从三明市的具体实践和企业与群众的支持，均体现了人们追求生态文明幸福生活的首创精神。我们提出碳福的概念，本身也算是一种创新探索吧。

四、碳福问答：谁可以办林业碳票？

碳碳："我现在明白了，林业碳票是一种碳交易机制。它反映了森林在吸收二氧化碳方面的能力。通过这种机制，企业和个人可以通过购买碳票来抵消自己的碳排放量。"

福福："没错，这意味着当地的森林资源得到了有效的保护和合理的利用。林业碳票不仅有助于生态保护，还能为当地带来经济收益。比如，通过碳交易，森林的保护价值得到了量化和认可。"

碳碳："那各地是不是都可以发碳票呢？"

---

① 福建三明："碳票"变"钞票"山城满绿幸福来［EB/OL］．人民网，2023年8月22日，http://finance.people.com.cn/n1/2023/0822/c1004-40061482.html。

福福："当然不是，这个操作起来就复杂了。其实林业碳票只是福建在生态文明建设方面的众多措施之一，福建还在生态旅游、绿色能源等多个领域有所发展和探索呢。"

碳碳："离三明不远的是龙岩，不知道那边有什么新鲜事儿。"

福福："那里的故事可真不少呢。让我们先从一棵枝繁叶茂的香樟树开始吧。它见证了当地干部群众的水土治理探索给生态环境带来的翻天覆地的变化。"

第二节 一棵香樟树引领红壤福

碳碳："福福，我发现人们结婚时，从衣服到婚礼现场布置，到处都是红色，显得非常喜庆。"

福福："那是因为在中国人眼里，红色与幸福密切相关。中国人民解放军的前身叫'红军'，表示这是一支给人们谋幸福的军队。"

碳碳："说起红军，我还知道福建长汀是红军长征的出发地之一呢（图 18）。"

图 18 长汀红土地是红军长征出发地之一（陈春彦 摄）

福福："是的，长汀拥有许多与红军相关的历史遗址和文化遗产，这些地方保存了许多革命时期的故事和记忆，成为红色教育和旅游的重要地点。而且这里的土壤是红色的，人们叫它'红壤'。不过，曾经有很多人提到红壤就皱眉，叫它'火焰山'，大家都不喜欢这种土地。"

碳碳："为什么会这样？人们不是很喜欢红色吗？"

福福："在很久以前，长汀也曾经是鱼米之乡呢。但据说，从太平天国运动开始，这里频频遭遇战乱，毁了很多林子。由于战乱，长汀人民生活贫困，不得不继续砍掉了大量的林木维持生计，造成更严重的水土流失，形成了'火焰山'。不过，现在'火焰山'已经变'花果山'了。其实，红壤就像碳碳一样，对人类有很多帮助。比如，红壤上长出的柑橘就特别好吃。"

碳碳："这么说，只要多多种树，红壤就会给人们带来幸福。它和我这个碳碳很相似啊！"

福福："这话说来轻巧。真要在花岗岩上种树，可不是件容易的事，得有'前人种树，后人乘凉'的奉献精神。很多人奋斗一辈子，自己未必能看到花果山，就是为了子孙后代能享福。所以说啊，红壤之福是几代人奋斗的一种幸福。"

碳碳："我听说，那棵香樟树就在这片红壤上，我们快去看看吧！"

一、敢叫红壤披绿裳的"愚公愚婆"

愚公移山的故事反映的是农业文明时代，人们为了追求幸福，不惜祖祖辈辈克服重重困难的一种坚忍不拔的精神。愚公最终感动了天帝，王屋之山被神移走。自古以来，赞扬和嘲笑愚公者不乏其人。但不可否认的是，愚公移山的精神是人类自我造福的宝贵财富。在福建省龙岩市长汀水土保持治理的伟大斗争中，就涌现出一群"愚公愚婆"，他们以敢叫红壤披绿裳的斗志，谱写了福建生态文明建设的宏伟篇章。

距离龙岩市长汀县城5公里左右的南坑村，如今成了城里人休闲度假好去处。每逢周末和节假日，便有许多长汀县城的人来此采摘草莓、烧烤，或者徜徉在2000多亩的银杏林里，享受深呼吸的快乐。然而，我们在村部二楼的村史陈列厅中看到，20多年前，这里作为水土流失严重的贫困村，自然条件是何等的恶劣。阴雨天，山上的石头被冲进村里的小溪，堆积起来有1米多高，一部分村民靠捞沙、卖沙过日子，但一拖拉机沙仅卖3元钱，1996年村里人均年可支配收入不足600元，外村的女孩都不愿嫁过来。在一个连娶媳妇都困难的乡村，幸福从何谈起？

也正因如此，南坑被外人戏称为"难坑"，人们形容这里的生活是"山上没资源，人均八分田，砍柴卖草换油盐，养头猪来等过年"，"山光、水浊、地瘦、人穷"是当时的生态恶化和生活贫困的写照。试想一想，在此情形下，如果有人站出来说，要在"山上种果树，庭院养鸡、猪，能源用沼气，耕地'烟稻菜'"，实施"猪—沼—果"生态种养模式，大家会有什么样反应呢？会不会觉得村里来了一位"愚公"？

然而，南坑村在1997年还真就迎来了这样一位"愚公"。更准确地说，是一位"愚婆"——新任党支部书记沈腾香是一位女同志。当地有一些村民本就无法接受一个女性管理千人的村子，现在这位女书记还提出要将"火焰山"变成"花果山"的宏伟目标，村民们更觉得是天方夜谭。

沈腾香非常理解村民的担忧。她觉得，多年前她嫁到南坑村，就把这里当成自己的家乡，现在应该发挥自己读书多、当过老师、进过企业等优势，瞄准修路、改善生态、脱贫致富三个目标，干出样子来。她暗下决心："别人说我不行，那我就证明给他们看。如果做不好，我就走。"①

当选村支部书记24年后，沈腾香辞去了村支部书记的职务，并不是因为做得不好，相反，她出色地完成了自己的使命，为年轻人接班续写南坑生态文明建设新篇章奠定了坚实的基础。如今来到南坑村，

① 做脱贫领头雁，女支书22年护青山、造"富谷"[EB/OL]．央视网新闻频道，2019年2月27日，https://news.cctv.com/2019/02/26/ARTIVELENmgO7lZVGr1G8mqq190226.shtml。

人们会惊喜地发现，昔日的"光头山"重新披上了绿装，郁郁葱葱，鸟语花香；村中新房错落有致、各具特色；河中溪水清澈、鱼儿畅游；沿路是小桥、流水、亭榭、广场……整个村庄既保持了田园风光，又不失小城的幽雅韵味。游客三五成群，草莓大棚竞相迎客。生态南坑，文明南坑，美丽南坑，幸福南坑，成为这里的新代码。

参观村史，人们发现，"愚婆"沈腾香敢叫荒山披绿裳，靠的不是感动山神或佛祖，而是身先士卒一点点地苦干。当初，她费尽心思找来免费的树苗请大家上山种树，很多人根本不买账，他们认为田里的庄稼都种不好，上山种什么树。乡亲们也根本不相信这里的秃山能种树。沈腾香带着党员干部先干起来，一般种树，挖30厘米见方的树穴，再浇点水就可以，而在南坑村每种一棵树，要挖1立方米的穴，然后堆上6担好土、6担农家肥、1公斤磷肥、1公斤复合肥。来年，再把这个穴拓宽，再堆土，施肥。如此日复一日，年复一年地推进。最初，每名党员干部种5亩山地，沈腾香则种20亩。正是靠这种笨方法，把树种活了，果子结起来，能卖钱了，村民们也跟上来了。

在此过程中，沈腾香和大伙儿不断探索新办法，选择好树种。最终决定以银杏为主。他们发挥乡贤的作用，成功引进了厦门树王银杏公司，建立起2300亩的银杏生态园，带动全村98%的农民在山上种树。山绿了，"闽西银杏第一村"的称号叫响了；水土流失少了，田里的庄稼活了，不用担心泥石流了，河里捞沙的生意不用做了，建大棚、种草莓成为南坑村重要经济来源。"杏"福南坑，"莓"好生活成为当地的新定位。

实现"荒山—绿洲—富美家园"的嬗变绝非易事。如果要一一讲述沈腾香和村民绿化荒山的故事，这本书就成了南坑村生态文明建设的专辑了。仅从她种活一棵树，带动一村人的细处便可窥见其中艰辛。党和政府对一个普通村支书的优秀成绩给予了充分肯定，她被评为福建省优秀共产党员，当选党的十九大代表，荣获全国三八红旗手标兵称号。

沈腾香只是长汀治理水土流失历史进程中千百万个"愚公愚婆"的代表。莲湖村的马雪梅是又一个"愚婆"。曾经的一场小雨，导致她承包的近200亩山地上的树苗全被冲走。马雪梅虽然难过得流泪，但她并未服输，仍然向亲戚朋友四处借钱买树苗和肥料，然后坚持不懈地挑肥上山，填入新土，并向懂行的人请教。最后，树活了，山绿了，挂果了，她终于痛痛快快地笑出来。策田村的"种果大王"、全国劳模赖木生是典型的"愚公"，改革开放后他很快成为远近闻名的"万元户"，却主动承包水土流失区的荒山种板栗、油奈、水蜜桃，并成立工作室，帮助其他村民种植果树。尤其令人敬佩的是长汀县三洲镇戴坊村村民兰林金，他于2002年因事故失去了双臂和一只左眼，从2010年开始，他承包了村里水土流失最严重的2270亩荒山，用惊人的毅力垦荒近千亩，种植850余亩油茶和100多亩的黄栀子等经济作物，不仅让自己一家摆脱了贫困，更让家乡的生态环境得到持续改善。随着抱定"只要用心种，肯定能挣钱"的黄金养、放弃北京高薪回乡发展林下经济吸引城里人来"归隐"的曾宪富以及刘静美、赖春沐等一大批"当代愚公"不断涌现，昔日"不闻虫声，不见鼠迹"的不毛之地终于重披新绿，开启生态高颜值、产业高质量、民生高福祉的新型幸福模式。

与"愚公愚婆"并肩作战的还有一群平凡而又令人尊敬的协同者。如，曾任长汀县林业局局长的巫成火，2009—2019年的十年里，几乎跑遍长汀每一个山头，行程不下20万公里，只为推动针叶林和阔叶林的混交优化，努力克服早期栽种单一马尾松保水功能和防火能力差的不足。曾任龙岩市水保办主任14年的卢晓香每月都要去长汀，每年写调研材料至少10万字。福建省水土保持试验站副总工林敬兰自1997年首次下长汀后，就为当地的濯濯童山所震惊，从此与长汀结下不解之缘，曾主持并推动实施了老头松改造标准。

无论是生在长汀者，还是关注长汀者，他们几十年如一日地为改善生态环境再造秀美山川所做的努力，无不令人赞叹。他们用自己的双手、双脚和智慧的大脑告诉人们，幸福的秘密就在奋斗，红壤之福更源于千百万个"愚公愚婆"数以百倍的付出。

二、见证生态巨变的一棵香樟树

离开南坑村，沿 319 国道继续向南行驶约 30 分钟，来到长汀县河田镇露湖村，你可以在路边发现一块不算显眼的路标"水土保持科教园"。就在科教园入口不远处，有一棵香樟树正茁壮成长。树前立有碑牌，上刻"习近平同志亲植"几个字，落款时间为 2001 年 10 月 11 日。这棵树见证了长汀人民在党和政府的领导下，取得水土流失治理决定性胜利的重要历程。

河田，曾经被列为全国三大水土流失治理实验区，因为属于红壤区，又被称为"火焰山"。据说，夏天高温时可以在地上烤熟鸡蛋。虽然在 1949 年到 1985 年间，福建省长汀县河田水土保持试验区曾经取得一定成效，但直到 1999 年，长汀县仍有 100 万亩水土流失区亟待治理。

1998 年元旦，时任福建省委副书记的习近平同志为长汀水土流失治理题词"治理水土流失，建设生态农业"。次年 11 月 27 日，时任福建省委副书记、代省长的习近平同志来到长汀，伫立在人们感念项南同志而修建的项公亭前，对长汀人民锲而不舍的治理精神深表赞许，同时语重心长地说："长汀水土流失治理工作在项南老书记的关怀下，取得了很大的成绩。但革命尚未成功，同志仍需努力，要锲而不舍、统筹规划，用 8~10 年时间，争取国家、省、市支持，完成国土整治，造福百姓。"[①] 根据习近平同志的批示，2000 年 1 月，长汀水土流失治理被列入福建省委、省政府为民办实事项目中。此举连续 10 年。

2000 年 5 月 29 日，长汀县开始建设河田世纪生态园，即现在的水土保持科教园，习近平特意托人送去 1000 元，捐种了一棵香樟树。

---

① 绿水青山就是金山银山——习近平同志关心长汀水土流失治理纪实［EB/OL］.中国江西网－大江网，2014 年 10 月 31 日。

2001 年 10 月 13 日，他再次调研长汀水土流失治理工作，高兴地为这棵枝繁叶茂的香樟树培土、浇水。

多年来，在不同岗位不同场合，习近平曾五次调研长汀水土流失治理，多次做出指示、批示和要求，持续推动长汀生态治理不断提升。在此期间，那棵寄托习近平同志殷切期望的香樟树不断成长，在它的周围，各类纪念树从几十棵发展到 2022 年的 4608 株，省、市、县各部门建设的"党建先锋林""组工林""同心生态林"等示范林达 16 个共 1000 多亩。[①] 如今，长汀的这棵香樟树已成为中国生态文明建设的见证。

三、水土治理的长汀福经

通过中央级媒体《人民日报》《光明日报》等对长汀经验的报道，我们可以总结出几点加强水土治理、造福于民的秘诀，姑且称之为"长汀福经"吧。

首先是坚持党的领导，一任接着一任干，造福于民。从项南同志提出治理试点到习近平同志长期关心关怀并亲自推动，先后有 400 多名干部充实治理一线，体现了坚持党的领导是实现水土治理造福于民的根本保障。正如露湖村的老党员钟盛标所说："治理长汀水土流失这个顽症，只有在中国共产党的领导下才能取得胜利！"[②]

其次是发挥群众主体作用，一代接着一代干，福延子孙。群众是最具创造力的，是历史的主人。在治理水土流失的过程，是群众发明了先种草、给地表降温，草成毯再种树，提高成活率的治山路径；是群众发明了养猪蓄粪，粪沼作肥，用"猪—沼—果"循环种的办法，增肥地力、改善水土。群众的积极性调动起来，愚公移山、滴水穿石的精神才能发挥威力。丘坊村的村民丘腾凤和他儿子两代人接续奋斗，让一座秃山变成了花果山，实现了树上挂果、林下养鸡，幸福感越来

---

① 翟风采.十年深化改革一棵香樟树见证生态巨变［N］.中国改革报，2022 年 10 月 21 日，第 4 版。

② 顾仲阳，颜柯，王浩.长汀绿满荒山写传奇［N］.人民日报，2021 年 12 月 10 日，第 1 版。

越强。南坑村的"愚婆"沈腾香带领干部群众奋斗20余年,把接力棒交给了退伍军人袁健杰。袁健杰从此开始了没有周末的村干部生活。长汀人一代接着一代干的水土治理实践,正是中国传统福文化中"前人栽树,后人乘凉"的生动体现。

最后是敢于创新,以制度为保障,谋求最普惠的民生福祉。北京林业大学校长安黎哲等曾经撰文指出,长汀经验是"生态兴则文明兴"的生动诠释,其成功经验主要体现为三方面:一是以观念创新为本,激发实现绿色转型的内核动力;二是以技术创新为器,打造实现绿色转型的制胜法宝;三是以制度创新为梁,铸牢实现绿色转型的保障体系。[①] 其中,首要的因素便是要充分意识到良好生态环境是最普惠的民生福祉。所有的创新均需要围绕"民生福祉"这一根本开展。

当然,长汀治理水土保持对当地人民的幸福生活的贡献是全方位的,以上三点"福经"是根据本书的创作主旨研究所得,它体现了"福"文化与生态文明建设的内在一致性,只是长汀经验研究的一个视角。

四、碳福问答:何为生态衰退?

碳碳:"长汀人民研究出了多种治理水土流失的方式,真的太厉害了。"

福福:"因为人们发现水土流失的破坏性实在太大了,长汀人民深受其害。"

碳碳:"福福,你给大家介绍一下,水土流失会带来什么样的危害?"

福福:"在生态层面,水土流失导致生态环境衰退,如生物多样性下降、土壤肥力丧失、河流和水库淤积等;在经济层面会造成农业生产力下降,造成经济损失。同时水土流失还可能导致基础设施损坏,增加公共和私人财产的维修成本。尤其是福建这种在多山区和丘陵地带的省份,会面临更大的泥石流风险,直接影响人们健康和安全。"

---

① 安哲黎,林震,张志强.长汀经验,"生态兴则文明兴"的生动诠释 [N].光明日报,2021年12月18日,第9版。

碳碳："太可怕了，难怪党和国家这么重视水土流失治理工作。"

福福："是的，水土流失已经成为全球性问题，对可持续发展和生态平衡构成威胁。因此，长汀的经验具有世界意义呢。"

第三节　妈祖故里的绿色蝶变福

福福："碳碳，你听说过'妈祖'吗？"

碳碳："当然知道，妈祖文化不仅在福建、广东等沿海地区广为流行，在香港、台湾地区和马来西亚、新加坡等东南亚国家都深受欢迎。听说，她是海上的守护神，深受渔民和海员的崇敬。"

福福："那你知道，妈祖真有其人。"

碳碳："哇，真的吗？那她一定是个伟人吧？"

福福："错了。她其实是一个普通女子，因为经常帮助渔民、救助船员等，被尊为妈祖，也就是海上女神。"

碳碳："那她家在哪里？有这样一位女神守护，那里的人一定很幸福吧？"

福福："莆田市湄洲岛是妈祖的故乡。的确，妈祖故里变得越来越富裕、美丽宜人了。每年，当地都会举行盛大的庆祝妈祖诞辰活动，还有庙会、游行、祭祀和文艺表演等活动，吸引海内外信徒和游客前来参与。"

碳碳："那我们快去岛上看一看吧！"

福福："让我们去找一位'岛主'，听听他眼里的妈祖故里的绿色蝶变。"

在福建，说起妈祖几乎无人不知，无人不晓。省内各种各样大大小小的纪念妈祖的雕像、宫殿、祠堂等不计其数。不仅如此，远在北方的天津市也有一座天后宫，供奉着妈祖像；隔海相望的宝岛台湾人民对妈祖天后更是恭敬有加，妈祖神像巡游曾经是轰动全岛的大事。

如今莆田的湄洲岛上祖庙山巅，矗立着一尊妈祖的石像（图19），与其同源同工的另一尊现在台湾北港朝天宫，成为两岸同胞血脉相连的历史见证。数百年来，妈祖文化早已融入"福"文化中，成为两岸人民的重要认同。妈祖故里生态环境的转折性改善，则让当地人民更深刻地体会到祈福、佑福与谋福的辩证关系。

图 19　湄洲岛上的妈祖石像与台北天后宫的石像同源同工（陈春彦 摄）

一、零碳岛绿化大幕开启

妈祖原名林默，又称林默娘，出生于莆田市湄洲岛。如今，妈祖庙是岛上最重要的祈福场所。如图19所示，庙后山顶这尊妈祖像高14.35米，寓意妈祖诞生地湄洲岛面积14.35平方公里，由365块花岗岩雕成，寓意一年365天天天吉祥平安。1991年农历三月二十三日妈祖诞辰日，这座雕像落成揭幕，对外开放供游客瞻仰。祭拜始祖庙、瞻仰妈祖雕像已经成为当地人祈求幸福平安的重要表达方式。当地浓郁的妈祖文化成为"福"文化的重要组成。

妈祖雕像的落成，进一步地提升了湄洲岛的旅游吸引力，朝拜妈祖成为不少游客不辞辛苦渡海登岛的重要动力，岛上的居民则尽心竭力，为南来北往的客人创造一个舒适的观瞻妈祖的环境，以尽"岛主"之谊。生于斯、长于斯的林玉柱先生就是这样一位"岛主"。他对每一位来到岛上的客人都那样的热情，希望能让客人在岛上多住几天，充分体验蓝天、碧海、阳光、沙滩构成的浪漫旖旎的滨海风光。

但是，30年前湄洲岛刚刚开发时，无论"岛主们"何等热情，无论妈祖庙何等的神秘，要尽岛主之谊，把客人留下来并非易事。一来，进岛的轮渡班次少，票难买。当时每天轮渡只有4部普通客船，白天一个小时一班，每次运载两三百人。岛上居民与游客一样须乘坐轮船进出，排长队等待渡海成为游客进岛前的第一体验。有一对年轻恋人首次回湄洲岛过春节，大年三十没有赶上轮渡，只能请渔民摇着小船送两人上岛。20多年后说起此事，男方很幸福，女方仍免不了嗔怪几句。真不知那时，会不会有姑娘曾经因为这赶不上轮渡而止步。二是岛上基础设施很差，无论是住宿还是餐饮均处于起步阶段，卫生条件也很难满足游客的需要。三是岛上绿化程度低，风沙严重，破坏了游客心中的对小岛的美好憧憬。在林玉柱的记忆中，20世纪70年代到90年代之间，岛上绿化稀少，沙尘严重。特别是每年农历九月到春节前后，岛上风沙严重。风力在冬天达八九级，在台风季节则达到十级以上。由于缺乏绿化，风起沙动，本来应该成为岛上一宝的"金沙"随风起舞，反而成为一种痛苦，严重影响了岛上居民和游客的生活。

改变源于福建省委省政府实施的海岛绿化工程。1998年3月11日，时任福建省委副书记的习近平同志来到湄洲岛，与广大干部群众一起种下了小叶榕、夹竹桃、海枣、芒果、扶桑等数千棵树木，由此开启了福建省的海岛绿化工程。绿化成效非常显著，以至于2000年以后出生的湄洲岛的新一代人，记忆中已经没有了风沙肆虐的情景。2017 年习近平同志做出"保护好湄洲岛"的指示，推动湄洲岛综合治理。

林玉柱在 2014 年至 2020 年间，曾任湄洲岛园林公司总经理，负责岛的绿化施工，对小岛的绿化、净化和亮化有着更为深切的感受。他说不上来应该如何形容这种变化，但他在向客人介绍湄洲岛时流露出的自豪感是那样的真切。有时，走到一个路口或转弯处，他会指着路边的某一棵树，诉说当年种树的场景。尽管昔日的树苗已变成参天大树，与几十年前不可同日而语，但关于树木成长的记忆仍然那样清晰。人们常说，十年树木，百年树人。海岛种树岂止是十年，不知有多少树需要几代人数十年的精心呵护。既要让它们种下去，还要让他们生了根，更重要的是要能抗住频繁的台风。因此，在林玉柱的记忆中，有一些树的栽种历史需要追溯到父辈。

与老一代不同，林玉柱这一代人更加善于利用科学知识来适应自然、改造自然。他们精心选育适合的树种花草，并合理布局。在海岸线上，他们栽种上抗风树，如木麻黄、刺桐、黄槿、巨尾桉等；在海岛的道路两侧，他们主打行道树，如华棕、彩叶高山榕等；在沙滩周边，他们引进各类菌草以便固沙。

正是一批批林玉柱这样的"岛主"尽心竭力地种树、养草、护花，湄洲全岛绿化工程取得了可喜的成效，绿化覆盖率从 1998 年的 37% 提升至 2022 年的 60.66%。与全岛绿化同步的是水生态治理、污染治理和海岸线的修复。今天的妈祖庙不仅成为全球妈祖文化的圣地，也成为世界各国见证中国生态文明实践成果的基地。海岛对外开放初期的轮船已经全部更换为豪华游艇，往来轮渡的频次增加到 20 分钟一班，还增加了夜航和车渡船，人们日常进岛的第一体验不再是"排长队"的忍耐，迎接游客的除了像林玉柱这样的"岛主"的热情，更有碧海蓝天和金沙，尤其是傍晚时分，晚霞与金沙相辉映，整个海边金光闪烁，这样的幸福时光，是湄洲岛人努力践行生态文明理论的幸福成果，大概是妈祖数百年前所不曾想象的，也或许正是人们祈求妈祖福佑海岛的一种期盼。

二、千古木兰溪祛灾兴福

莆田旧称"兴化"，木兰溪是莆田人民的母亲河，距今2万多年前该溪流域便有人类活动。千古木兰溪养育了莆田儿女，积淀历史悠久的文化传统。莆仙戏、莆田方言、妈祖崇拜等极具地方特色的文化、习俗丰富了"福"文化的内涵。同时，木兰溪的命运也折射出一个城市的变迁，透视出时代的发展。其中，木兰溪全流域的系统治理已经成为当代中国治水成功的实践，"向全世界展示了生态文明建设的中国信心、中国意志和中国力量"[①]。

长期以来，受特殊的河床地质结构、河道走向蜿蜒等多重因素的影响，木兰溪遭遇台风、暴雨等恶劣天气时，常常出现排水不畅，水患连连等灾害。历史上，治理木兰溪一直是执政者面临的重大挑战。比如，莆田的千载古堰——木兰陂充分展示了古人治水的决心和智慧，被誉为"福建的都江堰"[②]。

但仅仅依靠木兰陂尚不能让木兰溪流域的人民告别水灾的侵扰。1957年起的40多年间，有关部门曾进行五次规划、两次可行性研究、三次"上马"，因受技术、资金、征迁、生态等难题困扰，均未能开工。木兰溪下游防洪工程成为"最难啃的硬骨头"。

1999年，一场代号为"9914"的台风暴雨，导致木兰溪洪水泛滥，给百姓生产生活造成严重损失。从木兰溪生态文明馆内的照片上可以看到当年群众逃难的悲惨场面：本用于腌咸菜的木桶，一时间成为儿童和老人逃生的工具。正是这场灾难，让党和政府下定决心，兴利除害，让木兰溪更好地造福莆田人民。当年10月17日，时任福建省委

---

① 2023年5月17日，本课题组莆田市荔城区木兰溪生态文明馆调研资料。本小节资料除另注外，均来自此次调研。

② "人水和谐"的生动实践——福建莆田木兰溪治理纪实［EB/OL］. 新华网，2018年9月21日，http://www.xinhuanet.com/politics/2018-09/21/c_1123462127.htm。

副书记、代省长的习近平同志代表省委省政府指出:"是考虑彻底根治木兰溪水患的时候了!"此后,木兰溪治理成为习近平同志的心头大事。12月14日,他来到蒲板村现场检查受灾群众的安置房施工进展,要求当地党委和政府"抓紧时间将房子盖好,让灾民们早日乔迁新居,但也要根据实际情况安排进度,不要因为赶时间而影响质量。"这一天,他在蒲板小学种下一棵榕树。12月27日,习近平同志亲自为木兰溪下游防洪工程奠基。

2000年11月21日下午,时任福建省省长的习近平同志来到木兰溪支流延寿溪上游九鲤湖风景区视察指导工作,强调"要加强生态环境保护,切实守护好延寿溪源头水质",并和当地群众一道,在九鲤湖生态景观示范林,亲手种下一棵榕树。

23年后,习近平同志当年在九鲤湖景区种下的这棵榕树,已经成为南来北往的人们消夏纳凉处。木兰溪治理工程分四期推进,历经巩固、提升和发展,木兰溪两岸实现了水清岸绿,河畅景美,兴化大地焕然一新。截至2023年,莆田市生态功能保护区面积占全市国土面积的44.42%,创建绿盈乡村713个,占比78.6%。

为了织牢生态文明建设保障网,推进木兰溪治理一张蓝图绘到底,鼓励各级干部群众接力奋斗、共建共治共享,莆田市出台《莆田市木兰溪流域保护条例》,创新工作机制,开设"河道曝光台",设立有奖举报,发动群众共同维护来之不易的木兰溪治理成果。

三、历史文化名城逐绿启航

2023年10月10日,中国政府网发布消息称,莆田市成为福建省内继福州市、泉州市、漳州市、长汀县后第5座、全国第142座国家历史文化名城,这一喜讯无疑为正在庆祝建市40周年的莆田人民添彩。

值此喜庆之际,我们不妨先看一看莆田的历史究竟有多悠久。如前所述,2万年前,木兰溪流域便有人居住。历史上,最早在莆田设县是在南朝陈光大二年(568年),最早在莆田驻军建城的是宋太平兴国八年（983年）。因此，从纳入体制内管理看，莆田至今已有1400多年建制史，从建城历史看也有1000余年，所以称莆田为千年古城实不为过。

横亘千年的宋朝古城兴化府历史文化街区、千年的古堰木兰陂和古刹南山广化寺，记录了历史的韵味，绵延着莆仙风情；以妈祖信俗、莆田木雕、莆仙戏为代表的非物质文化遗产项目的活态传承良好，精品项目良多，构建出特色鲜明的地域文化。特别是，千余年来，伴随着海内外华人的脚步，妈祖文化广泛传播到世界49个国家和地区，敬仰者达3亿多人，为古代海上丝绸之路的开辟和延伸提供了强大的精神支撑；千年方言莆仙话、宋元南戏活化石的莆仙戏、兴于唐宋盛于明清的莆田木雕等，丰厚的历史文化遗存，如珍珠般散落在这片古府新城的土地上。莆田人杰地灵，素有"地瘦栽松柏，家贫子读书"之风尚，历史上有过"科甲冠八闽"的鼎盛时期，先后涌现出2482名进士、21名状元、17位宰相、15位莆籍两院院士；在中国《二十四史》及《清史稿》中立传的莆田名人近百人，超过福建省的三分之一，有着"三世登云，四异同科""一家九刺史""一门五学士""一朝三莆相""六部五尚书"等文化奇观。[①]

莆田的千余年的历史离不开山、水、教育和妈祖四个元素，而围绕这四个元素开展的活动则以治山、治水、修身、祈福为主题，山水营城与传统礼制的相融、"地瘦栽松柏，家贫子读书"的奋斗，都是莆田人长期寻求人与自然和谐相处、探索幸福之道的生动体现。

"历史文化名城"的传承与创新仍将是坚持"五位一体"的重大实践，坚持以木兰溪综合治理为总抓手，扎实做好"五篇文章"，全力推进木兰溪"十里风光带"建设，切实让良好生态成为最普惠的民生福祉，不断巩固提升生态文明的木兰溪样本，努力形成最完整最系统展示习近平生态文明思想的生动实践区，已经成为莆田人民共同的行动纲领。

当前，木兰溪"十里风光带"建设，立足于"千古木兰溪、百

---

① 骄傲！国务院正式批复！莆田，国家历史文化名城！［EB/OL］，腾讯新闻，2023年10月10日，https://new.qq.com/rain/a/20231010A083N900。

里江山图、十里风光带"，以千年莆田城市发展与水利文明为脉络，以百公里山水林田湖草沙的蓝绿空间为基底，描绘出一幅莆田从大山走向大海的时光画卷，形成践行习近平生态文明思想的全国示范。

作为木兰溪百里江山图的启动段，十里风光带重点实施"一溪两岸、四卷七园、六廊双脉"。其中，"一溪两岸"以木兰溪流域治理和两岸生态修复为目标，实施两岸生态廊道工程和滩地生态修复工程，打造自然生态的蓝绿走廊。"四卷七园"即深入挖掘木兰溪沿线历史文化，将治水历史、工匠精神、乡绅文化、民俗文化、荔枝文化、红色文化串联成线，打造莆田文化走廊。"六廊双脉"进一步拓展滩地亲水慢道和无障碍绿道，由木兰溪向外延伸 6 条城市绿廊空间，让木兰溪连接城市的绿色廊道，串联周边村落和田园，发展高质量观光农业，促进文化产业升级，打造乡村振兴的莆田范本。

生态美是莆田的最美底色，湄洲岛、木兰溪均已成为莆田靓丽的名片，成为莆田人民致力生态文明建设的鲜明标杆。如今，莆田已经按照"产业生态化、生态产业化"的理念，写下绿色发展的军令状：争取绿色经济产业在"十四五"期间增加值达 2600 亿元、年均增长 8% 左右（占 GDP 比重 65%）。[①] 获批全国历史文化名城，将成为莆田市以木兰溪流域治理为代表、以湄洲岛海岛绿化为引领的新一轮生态文明建设的起点。奔流不息的千年木兰溪、"零碳"的湄洲岛，不断折射着妈祖故里的蓝天、绿水、净土、碧海的幸福蝶变。

四、碳福问答：何为"拒咸蓄淡"？

碳碳："福福，今天的木兰溪的十里风光带，简直就是'一水护城将绿绕'，一点看不出来洪水泛滥的痕迹。"

---

① 林爱玲，李山.壶山兰气象新——莆田生态环境保护这十八年［N］.福建日报，2022 年 11 月 2 日，第 10 版。

福福："你看到的是莆田人民通过一代代的努力成果，现在木兰溪真正做到了变害为利，造福于民，用生态大笔做出'福'字文章。对了，你注意到讲解员谈到'木兰陂'三个字时的激动之情吗？"

碳碳："我也发现了。据说，在木兰溪距入海口 25.8 公里处，有一座 200 多米长、形如钢琴的拦河坝，名为'木兰陂'。很多人把它看作是十里风光带里的一条'长桥'。"

福福："没错，在风平浪静的时候，它是人们休闲遛弯的长桥，其实，它始建于北宋，是我国现存最完整的古代大型水利工程之一。是福建'拒咸蓄淡'灌溉工程的独特创造，一直发挥着引水、蓄水、灌溉、防洪、挡潮的多种功能。"

碳碳："'拒咸蓄淡'又是什么？"

福福："咸，指的是海水；淡，则是河水。木兰陂建成前，木兰溪经常泛滥成灾，如果遇上海水涨潮溯溪而上，久而久之土地盐碱化严重，禾苗无法生长，因此住在木兰溪附近的百姓苦不堪言。修建起木兰陂之后，实现了外以阻隔海潮侵蚀，内以储蓄淡水引溪洪灌溉的效果，这就是'拒咸蓄淡'。"

碳碳："难怪刚刚走在木兰陂上，两边的水的颜色都不一样，一边是翠绿色，一边是豆沙色的呢。"

第四节　山海画廊的低碳常青福

碳碳："福福，你有没有发现，前面去过的这些地方，好像外省市的人并不熟悉，相对而言，算不上热闹的旅游景点，咱们能不能找众所周知的地方去一探究竟呢？"

福福："让我想想，福建有山有海、有水有田，究竟该选择哪里合适呢？"

碳碳："大家都说，福建是山海画廊，人间福地。而且福建生态文明建设中有一个名词叫'山海情'，不如我们从人们最常说到的山和岛中各选一个。"

福福："那好办。很多外地的朋友对福建的认知常常源于'一山一屿'，也就是武夷山和鼓浪屿。这两个地方的社会发展、经济水平和文化习俗很大程度上成为外省的朋友认识福建的名片。听说很长一段时间，北京旅游市场主推的两条福建旅游线路，一是鼓浪屿，二是武夷山，很多游客都慕名而来。"

碳碳："用现在的话说，这是福建的两个'网红打卡地'。福福，我们一起去看看山海画廊里有没有藏着碳福的身影。"

武夷山和鼓浪屿是福建省旅游业的两大"金名片"，在形塑福建形象中具有不可替代的作用，它们是国内外游客入闽的首选目的地，也是创建碳福、共享碳福和体验碳福的经典网红打卡地。武夷山、鼓浪屿是自然和祖先们留给我们的宝贵文化遗产和自然遗产，这里的人民在享受祖先赐福的同时，已经开始深思如何让遗产世代相传，并且通过努力不断为遗产添砖加瓦，为后代留下常青基业，而不是靠山吃山、依水吃水。此举正是"福"文化中的基业长青的价值体现。

一、福地洞天的茶农与艄公们的常青梦

"武夷山有着无与伦比的生态人文资源，是中华民族的骄傲，最重要的还是保护好。"[①]武夷山国家公园建设正是朝着保护好"中华民族的骄傲"的方向迈进，它也是福建省践行习近平生态文明思想的重要载体。那么，生活在这块无与伦比的绿水青山中的人们有着怎样的体验呢？我们不妨去中国第一岩茶村看一看，去遍布生态茶园的茶山走一走，坐上竹筏，听听艄公们讲讲水清、景美的人间乐事。

---

① 福建七地入选第七批生态文明建设示范区和"绿水青山就是金山银山"实践创新基地［EB/OL］.搜狐网，2023 年 10 月 31 日，https://www.sohu.com/a/732726649_121106994。

（一）一个土著茶农的自然之福

武夷茶历史悠久，自传颂以来已有两千余年。作为世界红茶与乌龙茶的发源之地，武夷山因茶闻名，也因茶而兴。生活在这片灵韵之地上的人们，祖祖辈辈与茶结下了不解之缘。

南平市武夷山星村镇被称为"武夷岩茶第一镇"，有着悠久的茶叶生产历史，自清代以来茶行林立，商贾云集，素有"茶不到星村不香"的美誉。来到星村镇曹墩村，绿水青山间，悠悠茶香扑面而来，沁人心脾（图20）。从小生活在这里的应师傅自1982年就进入茶厂工作，从茶厂师傅到如今自办茶厂，和茶打了一辈子交道。在他的娓娓道来中，一幅采茶、制茶、论茶的生动图景在我们面前徐徐展开，茶叶伸展收缩背后的每一道工艺，都仿佛是茶农与自然无声的对话。

每年四五月份的武夷山，是茶叶飘香的季节，武夷岩茶制茶季如约而至。武夷岩茶的制作可追溯到汉代，有着严格的采摘要求和细致的制茶步骤。2006年，武夷岩茶（大红袍）制作技艺被列入国家《非物质文化遗产名录》，工艺流程中伴随着许多"绝技"，环环相扣，

图20 "武夷岩茶第一村"曹墩村对生态保护有着深切的感受（林晖 摄）

不可或缺。"复式萎凋""看天做青，看青做青""走水返阳""双炒双揉""低温久烘"等精湛的传统制作技艺与碧水丹山的武夷山共同孕育出武夷岩茶独有的"岩骨花香"。

武夷茶人顺应农时和自然规律，对岩茶的采摘一年大多一次，一般在每年的 4 月底到 5 月中旬，剩余的时间，让茶树积蓄养分休养生息，丰富内含物，降低农残含量。岩茶鲜叶的采摘标准，以新梢叶完全舒张开为最佳采摘状态，俗称"开面采"。若是采摘叶片过嫩，茶叶含水量过高，其芳香烃物质和果胶不够丰富，不利于"做青""走水"，成茶滋味苦涩、香气不高；叶片太老则茶叶开始木质化，味淡香粗，成茶正品率低；"开面采"有利于青叶更加成熟，滋味更加醇正。采茶人要在半个月的时间内完成采青的工作，此时的武夷山处于农忙之时，街上都鲜见有人闲着。

采青之后便进入到制茶流程中。武夷岩茶制作的关键在于"做青"，这是形成岩茶醇厚滋味、茶果香和"绿叶红镶边"的过程。制茶人将做青这一环节的实践经验总结为"看天做青、看青做青"，即要根据天气、季节、茶叶品种、茶青长势等情况，灵活机动地采取相应的办法，考量的是制茶师傅对本土环境的熟悉程度和实践经验的积累，武夷岩茶的传统采制技艺，是武夷山历代茶农在长期的实践中摸索与总结而来的，是武夷茶人尊重自然，顺应自然，与自然共生中，获得的"经验世界"和自然之福。山水的纯净，岩茶的独特魅力，渗透了这片丹山碧水，滋养着每一位武夷茶人，它不仅是一种精神上的浸润，且和土地的实实在在的亲近，对劳作的链接，对生灵的厚爱，养育着、庇佑着武夷茶人。

如今，应师傅带着小女儿张荣华一起经营着自家的茶园与茶厂，女儿借助抖音直播拓展线上业务渠道，根据市场需求及用户喜好，创新制茶工艺，制作出更多符合当下年轻群体喜好的茶香重、新鲜感强的茶叶品种。应师傅在深耕制茶技艺的同时，也主动接触学习如何使用新媒体，想将茶的故事，制茶的工艺，还有这来自福地洞天的福茶，带给更多的人。

（二）一个外地茶商的生态茶经

满目青翠的武夷山庇佑着超亿年的生灵，拥有同纬度保存最完整、最典型、面积最大的中亚热带原生性森林生态系统，自然风光壮美，自然资源丰富，而且拥有大量的历史文化遗产，无不彰显着深厚的文化底蕴。武夷山不独以山之奇而奇，更以茶产之奇而奇。好山好水出好茶，武夷茶卓绝的气质来自大自然的无私馈赠，更是其身后沉默的山峦和溪谷孕育的结果。林馥泉先生所著的《武夷茶叶之生产制造及运销》一书中，盛赞武夷岩茶"臻山川精秀气所钟，品具岩骨花香之胜"。可见，岩茶生长与武夷山的自然地理环境有着密不可分的关系，武夷山的山水地貌，为茶树提供了独特的生长秘境。

陆羽的《茶经》云：茶树"上者生烂石""最喜阳崖阴林"。茶树生长及内含物质的积累与周边生态环境、土壤条件等息息相关。武夷山碧水丹山，幽涧流泉，红色砂砾岩上渗下来的水、山上茂密植被掉落的大量落叶以及飞禽走兽留下的粪便等，在 V 字形幽谷中常年冲积，共同沉积成了"三坑"（牛栏坑、慧苑坑、倒水坑）、"两涧"（流香涧、悟源涧）区域厚厚的富含多种矿物质、有机质的土壤层，也就是陆羽提到的能产出极品茶的"烂石"，沟谷坑涧里，植被丰富，岩壁缝隙泉水叮咚，这些都是茶园天然的排水工程，既写意，又灵动，形成了特有的岩茶小环境。在这样的土壤和环境下，孕育了岩茶特有的岩骨花香，是这一方水土融入茶中而生成的天然气息。

生态茶区位于武夷山景区西北边的高山地区，此地茶地坡度较为平缓，为种植茶树提供了更多的土壤和阳光，有更多成片整齐的茶园。这些产区形成一条非常绿色的茶叶生态锦屏，为人类提供着天然的生态饮品。

目前，我国生态茶园的复合栽培模式主要有茶树－果树复合型、茶树－林木复合型、茶树－花卉复合模式、茶树－药用植物复合型、茶树－

家禽复合型，打造"茶林相间、茶草共生"的茶园自然微生态，实现茶叶生产绿色可持续发展。生态茶园已成为我国未来茶产业发展的趋势。

武夷山独特的生态环境与茶市火热的带动，也吸引了很多外地人到此经营茶厂。机缘巧合之下，王长辉和父亲于2005年来到武夷山种茶。如今500亩的生态茶园绿意盎然，暗香浮动。在原始植被的保护下，生态茶园错落在丛林深处，由于先天环境的山场差异，在茶园管理上也有着明显的不同。多年与茶相处，王长辉积累了一套生态茶园管理方法，打造自然调控能力强的生态茶园。

在他的茶园里，茶山保留有原始树林与植被，有不少树嵌在其中，周边保留着杂草，一眼望去，几乎看不到裸露的土地。这样的景象并不是茶园疏于管理所致，而是有意为之。这便是高山生态茶园最独特之处——"戴帽"，即让茶园最高点至山顶有生态林覆盖，落叶和腐草产生的有机质就可以通过雨水滋养下方的茶园。这种采用生态种植，人工打草，不使用除草剂的方式，在秋冬季让茶园处于半荒的状态。这种"戴帽"的生态种植方式，不易水土流失，也不易干旱，能提高茶园生态保水能力。

生态茶区海拔高，相对气温较低，昼夜温差大，再加上生态区生物链完整，昆虫天敌诸多，也间接地减少了茶园的病虫害，即便有些虫蛀，也能增加茶叶的风味，如茶叶被虫子咬了以后，会产生茉莉酸，为茶叶注入别样的自然生态风味。从这一片叶、一泡茶中，我们能细细品味出天地灵韵，感受生态之福沁润心脾。

高山生态茶园虽然产量不高，一年只种一季，但生态好了，茶叶品质也会有所提升，在这个环境下生长出来的茶泡出来更清甜。王长辉说："有了生态，保护好生态，我们才有了各方面的美好，才能可持续发展。"如今，随着武夷山观光旅游业的不断发展，茶产业也不断从一产、二产向三产转型升级，他亦逐步将业务重心转向弘扬茶文化、繁荣茶产业：一方面，以直营店的方式接待客户，给其留下"茶印象"；另一方面，做好茶文化的拓展延伸，在茶山上打造茶文化体验空间，从茶叶种植、制作到品茗冲泡，为客户带来实地切身的互动体验，让茶香茶韵真实可感。

（三）一个九曲艄公的山水情缘

到福建武夷山旅游，其间自然少不了去九曲溪漂流。九曲溪发源于林木茂密的武夷丹峰，全长 62.8 公里，进入风景区的一段约 9.5 公里，深切河曲，直线距离仅 5 公里，曲率达 1.9①，共有九曲十八道弯。宋代理学大儒朱熹，人生有大半的时光在武夷山度过，武夷山水之间，遍布着他的踪迹，"武夷山上有仙灵，山下寒流曲曲清"一首七排诗《九曲棹歌》，把九个曲挨个夸了个遍，以一句"除是人间别有天"表达了他对九曲溪的极致赞美。古往今来，九曲棹歌的余韵吸引着众多文人墨客奔赴武夷，为其留下绚丽的诗歌与篇章，明朝第一"旅游达人"徐霞客也留下了"落照侵松，山光水曲"的打卡日记。

古人游九曲溪，是乘坐竹筏逆流而行的，危险性较大，所以现在游九曲是从星村登竹筏，从九曲到一曲，顺流而下。课题组成员乘坐竹筏漂流的那天，虽然天空淅淅沥沥下着雨，却别有一番韵味。烟雨蒙蒙中，远山如画，雨点打在清澈见底的河面上，也不断凉凉地拂过脸颊，湍急处溅起的水花和空中忽大忽小的雨，都让这段旅程有了更加深刻的感官记忆。

艄公说竹筏要游过九曲十八弯，有些水面看着平缓，深浅却是不可估量，有的能伸手触底，有的却有二三十米深，怎么撑竹竿都是极有技巧的。这些在武夷山九曲溪竹筏漂流上负责划竹筏的船工被称为艄公，他们人人谙熟武夷山的山水特色与故事传说。一艘竹筏配两个艄公，一前一后，前艄公负责方向，后艄公负责前行。顺着九曲溪的水流，或湍急或平稳地穿越在大自然的巧夺天工里，艄公一边娴熟地

---

① 福建武夷山：寻幽览胜武夷独步［EB/OL］.武夷微发布，2021 年 8 月 10 日，https://baijiahao.baidu.com/s?id=1707706744779679498&wfr=spider&for=pc。

划着竹筏，一边滔滔不绝地讲解着：那儿是仙钓台，这儿是幔亭峰，那个像"青蛙"，这个似"汉堡包"，他们说九曲溪里的水质非常好，鱼非常多，以前游玩时还能到水中游个泳呢，不过现在大家有了环保意识，艄公们宁可少挣钱，也不能"纵容"游客下水。毕竟，水长清，客常来，不能因小失大。虽然下着雨，游客们却听得不亦乐乎，真正忘情于这一方山水之间。

在与武夷山水的常年相伴中，山的风骨，水的柔情，艄公们比谁都清楚。武夷山水养育了他们，他们也伴着九曲溪水和一叶叶竹筏，把武夷山水的绮丽与妩媚，传递给南来北往的游客。那拐角的崖石上的点点凹槽，亦是他们印刻在九曲溪上深深的印记。他们头戴斗笠，穿着蓝色上衣，手撑竹筏，顺着九曲溪流稳稳当当地划过一弯又一弯，流过一曲又一曲，与色如泼墨的山岩遥相呼应，在绿水青山间，形成一幅动感的生态长卷。

二、鼓浪屿零碳建筑与"碳行者"的探索

2022 年 11 月 19 日，厦门市思明区鼓浪屿街道办事处获评"中国生态文明奖先进集体"。它是此次全国唯一获奖的街道办。不过，对于许多外地人而言，思明区街道究竟在哪里并不重要，他们向往的是隶属这个街道的鼓浪屿。正是鼓浪屿这张福建旅游的"金名片"，在生态文明建设中先行先试，成为全国首个实现近零碳排放景区的世界文化遗产地。

鼓浪屿从历史文化景区走向绿色低碳新地标背后，有三个支撑：一是，"智慧管家"，赋能生态治理；二是，绿"动"琴岛，优化能源结构；三是全民参与，共创宜居低碳景区。[①] 三个支撑的背后则是鼓浪屿打造近零碳排放的三点重要经验。

首先，把生态环境治理作为生态文明建设的抓手，发挥智治功能。

---

① 陈旻. 近零碳排放，鼓浪屿怎样成为全国景区先行者？［N］. 福建省人民政府门户网站，2022 年 12 月 16 日，http://www.fujian.gov.cn/zwgk/ztzl/sxzygwzxsgzx/sdjj/wvjj/202212/t20221216_6079951.htm。

环境是人们感知生态文明成果的最直接的领域，也符合人们对生态文明建设的最朴素的认知与需求。即环境好，才叫生态好。各地竞相开展的庭院环境整治、房前屋后扫净摆齐等都是基于这样的理念。但环境治理涉及个人、单位等众多主体，而且种类繁多，如果靠一阵风、运动式的整治行动很难取得长期成效。现代科技为环境治理提供了"智能"。发挥"智慧管家"的威力是鼓浪屿打造近零碳排放景区的创新之处。他们借助科技手段，形成全天候环境监测，任何岛上问题都在"智慧管家"的掌控之中。加上"绣花针式"的精细管理，让治理者对岛内碳排放现状了然于胸。

其次，生态文明建设宜坚持绿色原则。煤、电等动力能源的开发与利用，是工业文明时代进步的标志，也是工业化的基础。生态文明时代需要对工业文明时代的能源开发与利用的对象与方法进行扬弃。位于鼓浪屿漳州路上一栋砖红色的小楼，是小岛绿色能源开发与应用的典型。它的外墙红砖乍看上去，隐隐发光，其实是与鼓浪屿红砖颜色相同的薄膜光伏幕墙，以便保护历史建筑的原始风貌。仅这一个示范项目，每年可减少二氧化碳排放近 20 吨，为鼓浪屿提供绿色电能。此外，"全电厨房"、公共厕所的太阳能光伏板、景区内电动化公交等，均属小岛近零碳排放不可或缺的组成。

最后，生态文明建设离不开共建共治共享的治理理念。鼓浪屿的实践表明，公众参与度高低直接影响低碳水平。为此，他们开发了一个"思明碳行者"碳普惠小程序，将景区游客和居民的低碳行为转化为碳积分，并与商超、饭店、酒店等进行积分兑换。据统计，截至 2022 年底，平台累计完成访问人数 16.41 万人次，2000 余人次参与低碳碳积分积累兑换，总计实现二氧化碳减排量约 50 吨。[①]

① 陈旻.近零碳排放，鼓浪屿怎样成为全国景区先行者？〔EB/OL〕.福建省人民政府门户网站，http://www.fujian.gov.cn/zwgk/ztzl/sxzygwzxsgzx/sdjj/wvjj/202212/t20221216_6079951.htm。

三、低碳画廊的"西北望"与"东南飞"

鸟瞰福建省的山海画廊，南平市和厦门市分居西北和东南。在这里我们不妨借苏轼"老夫聊发少年狂""西北望，射天狼"的豪情壮志与汉乐府诗中的"孔雀东南飞"的美丽传说，暂时指代这两座低碳城市。虽然未必准确，但或许会更有意趣。

（一）"西北望"南平，勿忘"射天狼"

对于生态文明建设而言，"射天狼"就是要守住"绿水青山就是金山银山"的重要理念。其实，武夷山的茶农和艄公已经给出了答案。只不过，南平不仅有武夷山，还有邵武、光泽、松溪等县（市、区）。那里的人们是否也能共享碳福呢？

总体上看，截至 2023 年初，南平市森林覆盖率达 78.89%，居全省第二，森林蓄积量 1.93 亿立方米，位列全省第一；空气质量连续 7 年居全省第一，2022 年全市主要流域断面水质提升至全省第一，生态环境质量持续改善。① 南平市辖区 8 个县（市、区）获得生态文明建设示范区称号，武夷山、邵武、松溪 3 个县（市）获得"绿水青山就是金山银山"实践创新基地命名。显然，南平市已经拥有高质量发展所必需的生态优势。

对于南平市而言，高质量发展的前提是生态优先、绿色发展。持续擦亮"武夷品牌"是主要抓手，打造清新水美的百川胜境是目标。其中，在武夷山国家公园外围科学划定"环武夷山国家公园保护发展带"，辐射武夷山市、建阳区、邵武市、光泽县等 4 地、31 个乡镇共计约 67 万人口，共同保护、共同建设、共同受益；坚持"生态保护第一、以人为本、产业适度发展"，构建了以国家公园为主体的复合生态系统运行管理新机制，破解了国家公园生态、生产、生活统筹发展

---

① 赖昊拓，林奥，王骥.南平入选国家生态文明建设示范区［EB/OL］.2022年 12 月 6 日，福建省人民政府网站，2022 年 11 月 22 日，https://www.fj.gov.cn/xwdt/fjyw/202211/t20221122_6059185.htm。

难题，激发了国家公园的衍生生态价值；在武夷山市全国试点基础上，同步推进全域生态系统价值核算，创新"生态银行"机制，整合利用丰富的自然资源，将沉睡的生态资源有效盘活。

自生态文明建设示范区创建工作启动以来，积极探索双碳实现路径，编制《南平市碳中和行动方案研究报告》，推动"一元碳汇"项目，从脱贫村、脱贫户的碳汇林开发破题，将碳汇增量，通过微信小程序向社会公众销售，实现"一对一"碳汇精准扶贫，全面完成45项国家生态文明试验区重点改革任务。

（二）"东南飞"厦门，孔雀频开屏

相对于鼓浪屿，厦门同安少为外地人所知。但2023年9月的一次新闻发布会，让外界对它有了新的认识。"近5年来，空气质量优良率基本保持在98%以上""森林覆盖率全市第一，是厦门后花园""入选全国第六批生态文明示范区"，仅凭发布会上传递出的这些信息，同安就让人刮目相看了。厦门本来就是一个火爆的旅游目的地，那么它的"后花园"该美成什么样呢？

孔雀果然在这里开屏了！同安一时间向公众展示"五个美丽"家园。即美丽城区、美丽乡村、美丽河湖、美丽海湾、美丽园区。同安人自己在每一个美丽前面装点了复杂修饰，比如"打造美在诗画田园的业兴绿盈美丽乡村"。读起来比较费劲，但可以理解同安人希望将自己家的美尽可能充分地展示给外界的心愿。"五个美丽"的背后是同安上下一心谋求低碳绿色发展的努力。他们把绿色发展理念融入社区、工业园区、景区、会议、活动、机关等全方位、多领域之中，通过扩大低碳创建试点项目、积极探索各领域碳中和及减少碳排放、引领新风尚助力厦门创建无废城市等举措，全面推动"双碳"创建工作，用无数个无废"小细胞"组成绿色大同安。

鼓浪屿和同安是厦门市创建低碳城市的两个剪影。在2022年11月19日，同安区、翔安区同获第六批国家生态文明建设示范区荣誉称号，标志着厦门市在全省率先实现国家生态文明建设示范区全覆盖；厦门市筼筜湖保护中心、思明区人民政府鼓浪屿街道办事处分别获评第三届中国生态文明奖先进集体。这些荣誉可以看作是对厦门市生态文明建设示范创建的最佳肯定，也是对"高素质高颜值厦门"的生动诠释。同时，厦门被命名为副省级城市国家生态文明建设示范区，成为全国第二个获此殊荣的副省级城市。这是继1997年获评首批"国家环保模范城市"、2016年在福建省率先获评"国家生态市"后，厦门市获得的第三个国家级生态环境领域综合性荣誉。① 生态文明建设的孔雀在厦门频频开屏，为新时代的"孔雀东南飞"注入了碳福元素。

生态文明建设"东南飞"厦门并非靠天赏饭，而是得益于持续创新。在此仅举一二，感兴趣的朋友可以去深入研究。一是，厦门获得经济特区立法权之后，颁布的第一部实体性法规就是《厦门市环境保护条例》，后来又不断完善，推出《厦门经济特区水资源保护条例》《厦门经济特区生态文明建设条例》等，其中《厦门经济特区生态文明建设条例》是全国第二部、福建省唯一一部关于生态文明建设的地方性法规。二是，坚持规划引领。至今，厦门市遵循《1985—2000年厦门经济社会发展战略》，历届市委、市政府秉承"一张蓝图"绘到底的理念，在不同发展阶段，始终以"生态优先"为指导思想，谋篇布局，从而为全省和全国贡献了多种经验和典型案例。

四、碳福问答："福地洞天"在哪里?

碳碳："福福，我听说福建有很多神秘的'福地洞天'，这是什么意思呢?"

福福："福地洞天通常指道教中的修行圣地。据说有十大洞天、三十六小洞天和七十二福地，但具体哪些地方被列为福地洞天，在历史上有不同的说法。"

---

① 王玉婷，许晓婷.厦门再添"国家号"生态荣誉［N］.厦门日报，2022年11月21日，第1版。

碳碳："那福建有哪些著名的福地洞天呢？"

福福："福建武夷山就是其中之一。杜光庭在《洞天福地记》中提到武夷山是道教三十六小洞天之一，而张君房在《云笈七签》中将宁德的童山称为三十六小洞天第一洞天。[1] 这些都展示了福建深厚的福地洞天文化。"

碳碳："原来我们刚刚游玩过的武夷山就是福地洞天！它好像还是个国家级的公园？"

福福："没错，武夷山国家公园横跨江西和福建两省，其保护面积达到 1280 平方公里，是自然和文化资源的宝库。它不仅是华东地区最高峰，还是世界人与生物圈保护区，又是世界自然和文化双遗产的国家公园。这里以其独特的山水景观、丰富的生物多样性和深厚的文化底蕴吸引了大量游客。你可以在此体验道教文化，欣赏壮丽的自然风光，还可以品尝武夷岩茶哦。"

第五节 《那山那海》的幸福密码

碳碳："福福，你看过一部在福建宁德拍摄的电视剧吗？"

福福："你说的是《那山那海》吗？它是一部以福建宁德为背景的电视剧。将镜头对准了倚山沿海的少数民族畲族，以改革开放以来在党的富民政策指导下，观风寨三兄弟带领畲族村民，创造美好生活为故事主轴，展现宁德的美丽风景和畲族文化，向观众展示了这片土地的独特魅力。"

碳碳："这个剧名取得很贴切，有山有海就是福建的特点。那宁德有什么特别的地方让人们愿意把它拍成电视剧呢？"

福福："宁德地处闽东北，山川秀美，有着丰富的自然景观和独特

---

[1]　福建省政协文化文史和学习委员会、福建省炎黄文化研究会编，福建传统的福文化［M］.福州：福建人民出版社，2022 年，第 19 页。

的人文风情，《那山那海》电视剧通过故事情节展现了宁德的地方文化和传统价值观，而且剧情与我们碳福有很大的关联。"

碳碳："真的呀，你快跟我说说。"

福福："剧中讲述一个贫困乡镇里，干部群众不以破坏生态环境为代价发展经济，依托绿色产业实现脱贫致富的励志故事，成为当地近年来生态发展的生动写照。"

碳碳："看来宁德真是一个充满魅力、遍地碳福的地方，我们快去感受一下！"

2022 年有一部电视剧，它在央视黄金时间档播出的第一天便取得收视率第一的好成绩。电视剧中"观风寨"的雷家三兄弟，一个以愚公移山的精神，开辟出一条康庄大道；一个坚持探索海水养殖，走上致富之路；一个刻苦好学，改变了人生的轨迹。三兄弟，有三种不同人生经历，但都代表一种对幸福生活的向往和奋斗造福的文化价值。当很多人被剧情所吸引时，也有不少人被剧中的风景所迷，开始寻找生活中的"那山那海"，那美景，那幸福。

一、《那山那海》的产业生态化

电视剧《那山那海》是以宁德的山乡巨变为背景，以畲族村民共同富裕的故事为主线，讲述宁德坚持"滴水穿石""弱鸟先飞"，发展生态产业和产业生态化的故事。其中，取景地主要是宁德市蕉城区八都镇洋头村、福安市松罗乡尤沃村、溪尾镇溪邳村等。

首先看洋头村，它位于蕉城区西北部仙人湾山东南侧，三面环山，一面向洋，因处于江洋之头，得名洋头村。其建村时间要上溯至明朝万历三十五年（1607 年），是名不虚传的中国传统村落，至今保留了较为完好的古民居与传统村貌。一进村便看到电视剧中曾经出现过的古民居。村中有一座神农庙，已有三百余年历史，虽然极为简朴，仅一个小院，一个狭长的厅堂，供奉着神农。但你可别小看了它。这里有降乩典故，自伏羲氏相传至今，已经成为一种带有神秘色彩的历史文化遗产。庙门口有一座小型的土地庙，保存完整，据说，这座土地庙已经守了神农几百年，其中有三顶楠木轿子，距今已有两三百年的历史，是神农庙的镇庙之宝。每年开春耕种之前，于正月十五、十六、十七三天村民们就用这三顶楠木轿子抬着神农等塑像，到村庄及四周田园游走一番，之后，村民们才开始春耕劳动，这是当今难得一见的从农业文明时期流传下来的传统活动。所以，我们常说生态文明是对农业文明和工业文明的一种扬弃，而不是完全否定。这种传统的农耕节庆活动中，蕴含着人们对祖先的怀念、尊崇，以及对丰收的期待。

走过神农庙，映入眼帘的是村后的一大片原始森林，这里古榕树、大枫树等参天大树应有尽有，还有珍稀树种红豆杉与两株"活化石"——桫椤树。后者可是从三叠纪、侏罗纪、白垩纪一路走来，栉风沐雨，一直扎根洋头村，见证着这个乡村的发展。进入森林深处，还看到一座具有五百多年历史的石拱桥"永安桥"。这里有一条官道，通往福安、福鼎、闽北、浙南。如今，正是通过对这些神农庙、原始森林、石拱桥的保护与合理开发，才使得当地的农耕文化传播与乡村旅游有了灵魂，成为当地探索通往低碳生态生活的幸福密码。

与洋头村的农耕文化不同，溪邳村是传统的渔村。它地处福安东南沿海之滨的盐田港畔，依山面海，水陆交通便捷，是连家船渔民上岸定居的纯渔业行政村，也是闽东沿海地区的一个耀眼明星村。曾经是"上无片瓦，下无寸土"的连家渔民们，如今告别了"以船为家，终日漂泊"的生活，开始以留住"乡愁"记忆为主题，以念好"山海经"、打好"生态牌"为发展主轴，逐渐恢复溪尾海域的生态海岸景观带，再现了渔舟唱晚的和谐美景。上岸后的渔民们，穿起了鞋子，"打鱼"变为"养鱼"。海蛎、生蚝、花蛤、蛏干、螃蟹、娃娃鱼等，琳琅满目的海鲜由过去的出海捕捞，变成现在的生态养殖，他们所探索是一条产业生态化之路。围绕滨海特色渔村定位，如今的溪邳村开起了农家乐和民宿，游客在这里不仅可以住到面朝大海的"海景房"，还可以吃到新鲜的海鲜大餐！同在福安的另一个取景地尤沃村，则以数千亩高优葡萄园区吸引了三五成群的市民徜徉其中。远看溪邳村，群山环抱下的层层叠叠的葡萄大棚，延绵成一片，形成颇具视觉震撼力的现代生态农业景观。

二、日出日落下的光影小镇

《那山那海》上映后，宁德的拍摄取景地火爆全网，全国各地的摄影爱好者扛着"长枪短炮"，竞相涌来。其实，早在《那山那海》之前，宁德便已经有一个摄影爱好者的"天堂"，那就是霞浦。

家住霞浦县三沙镇的老余，更是占尽天时地利，手机里装满了家乡的美景靓照。老余虽然年过七旬，却一直热心组织当地老年大学的学员们开展摄影活动，春夏秋冬拍不停。他说，随时欢迎大家到三沙镇，不过最好错开节假日，因为那时民宿都满了，而且房价更高。旁边一位朋友则提醒大家，节假日路上都是私家车。从他们的言谈中，人们可以清晰地感受到，昔日穷苦的渔村人，船少了，渔民上岸了，房子盖好了，民宿开起来了，日子开始变样了。一张张照片、一段段小视频，通过微信朋友圈数量级地扩散，飞越《那山那海》，吸引更多人来到那山那海。

当渔民放下渔网后，大海开始休养生息。渔民们则忙着迎接来此休养生息、拍照赏景的八方客人，他们的收入来源由传统的渔业转向海岛观光业。这是霞浦，也是宁德人民向低碳生活转型的一个缩影。

三、"三库＋碳库"的闽东福地

位于闽东的宁德市近年来被外界所熟知，一是因为其海产品，如黄花鱼；二是因为宁德时代这家绿色能源企业。不过，以前人们记住的是另一个名词"黄金断裂带"。意思是说，中国东部沿海地区这条黄金带，在宁德这里断了。纵有万水千山和世外桃源般的自然风光，因为贫穷，也只能藏在深山和海边，不为人知。

生态文明建设让宁德人民找到了摆脱贫困的新思路。他们坚持"三库＋碳库"的绿色发展理念，努力建设人与自然和谐共生的"美丽宁德"。如今，宁德的森林覆盖率高达69.98%，位居我国大陆沿海城市之首；中国历史文化名镇、名村、传统村落的数量居福建省设区市第一。森林和传统文化成为宁德的致富之宝。

或许有人会疑惑，宁德为什么使用"三库+碳库"的说法，而不直接说"四库"？其实这种说法饱含了宁德干部群众的自豪与感激之情。因为习近平同志担任宁德市委书记时，最早根据当地实际情况首次提出森林是水库、粮库、钱库的"三库"观，后来他在浙江省工作时加上"碳库"，由此形成"四库"。

遵循"三库+碳库"的理论指导，宁德市将黄振芳林场打造成全省首个林业生态文明实践基地；在福建省内最早试点领导干部自然资源资产离任审计；出台了关于三都澳海域环保和霍童溪流域保护的地方法规；建成全国首个双碳教育基地；有序推进多个低碳示范试点。

宁德从"黄金断裂带"变成闽东福地的背后，是对生态文明建设的坚持。老百姓身边的变化则诉说着当地生态保护的成绩。在古田，在福鼎、在寿宁，人们见证了矿山变身绿水青山、"乱石岗"转型生态、"红河谷"成长为"云水小镇"的传奇。以"宁德时代"为龙头的绿色制造业在产业生态化探索中取得耀眼成绩；群众的生态获得感和幸福感日益提升。

四、碳福问答：森林碳库怎么组成？

碳碳："福福，宁德的生态治理方法叫做'三库+碳库'，这是什么意思？"

福福："先来说'三库'，第一森林是水库——林水相依，滋养万物。第二森林是粮库——林茂食足，仓实为安。第三森林是钱库——青山绿水，林兴民富。"

碳碳："那碳库又是什么呢？"

福福："专业地说，碳库是指在碳循环过程中，森林生态系统存储碳的各组成部分。森林碳库包括地上活体植物生物质、地下活体植物生物质、枯落物、枯死木以及土壤等五个部分。宁德在生态建设中通过植树造林等方式,增加了森林覆盖,吸收了大量二氧化碳,相当于形成了存储碳能量的大仓库,与之对应的是碳排放的减少。所以森林也是碳库:吸碳固碳,清洁世界。"

第六节　天人合一的共建共享福

福福:"碳碳,你知道吗,我们俩可是由人们共同创造出来的,大家既是碳福创造者,又是碳福的享受者。"

碳碳:"每一个人都是碳福的创造者,这个观点是怎么形成的?"

福福:"我来给你举些例子,比如,日常生活中人们的每一个选择,都决定了碳福文化是否能够形成,今天要选择使用环保袋还是塑料袋?出行要选择步行或是骑自行车来还是坐汽车?这些点滴小事都是在为生态文明做贡献。"

碳碳:"有道理!那人们也是碳福的享受者又是什么意思呢?"

福福:"大家能享受到清新的空气,洁净的水源和美丽的自然风景,这都是碳福带来福利,因为保护生态环境,其实就是在保护人类的生活质量。"

碳碳:"我明白了,以后咱也要从日常的点滴做起,携手共建碳福,才能共享幸福!"

一、紫云深处的唤鸟人

福建省三明市明溪县,有一处常年云雾缭绕,山青水绿的云端秘境——紫云村,这座青山之中的古村,海拔 800 多米,是名副其实的"绿海云都"。紫云村早先叫云台,相传数百年前南宋丞相文天祥南征北战路过此地偶遇饶工奉茶,茶水倒之不尽,突然仙人消失,天边有紫云升起,文天祥感叹是神仙显灵,随后亲笔题书"显盖紫云"四字,紫云村因此而来。罗从彦曾长期在紫云村生活、讲学。因此,紫云村的人文气息浓厚，拥有深厚的理学文化底蕴，也被称为"中华闽学第一村"。

紫云村位于福建君子峰国家级自然保护区内，生物多样性保护良好，地处国内全球三大候鸟迁徙通道之一的东亚至澳大利西亚通道上，已发现野生鸟类 300 多种，占福建全省鸟类的 60%。紫云村坐落在形似卧佛的山峦之中，原始林间各类珍稀野生动植物和谐共生，国家Ⅰ级保护鸟类黄腹角雉、白颈长尾雉，国家Ⅱ级保护鸟类白鹇等惬意栖息，原始的自然生态保持着生机野性。

近年来，紫云村从名不见经传的小山村，迅速成为世界各地观鸟爱好者的胜地。寂静的小山村焕发新生活力，这一切离不开一位唤鸟老人与一群美丽鸟儿的奇妙故事，也离不开唤鸟人孙子杨水清与同伴的推动。老人叫杨美林，他一声呼唤，"林中仙子"白鹇便翩然而至与他相聚，形成一幅老人与鸟、人与自然和谐共处的山林生态美景。

2023 年已满 78 岁的杨美林每天清晨都会进入山中，去探望白鹇、鸳鸯、白鹭、野鸭等"老朋友"。他说："我每天来，下雨来，天晴来，365 天，天天要来。"11 月底的山区已经有了冬天的味道。早上六点半，晨光中薄雾缥缈，杨爷爷手提黑色环保布袋走在紫云的乡间小道上，穿过稻田，再往前走，就来到山林的入口。山脚下有爷爷喂养的小鸡小鸭，还有小猫和小兔子，他们正眼巴巴地等着杨爷爷准备的早饭。喂完这些家禽，杨爷爷继续向深山进发。

进入山间，路边草叶上还凝着露水晶莹剔透，樟树、闽楠、南方红豆杉等高大乔木常年郁郁葱葱，油茶树上开着朵朵洁白的小花，枫香、山乌桕、黄连木或黄或红，晨光透过层层竹林。行走在林间，你会对书上描绘的"光影斑驳"便有了切身可感的真实体验。

往山上再走十几分钟，就到了白鹇的观鸟点，这个地方是观察和拍摄鸟的场所，通过人工搭建的伪装设施，人们可以近距离观察鸟类的活动。架起的相机和望远镜从一个个洞口伸出，观鸟者们凝神屏气，静待与"林中仙子"相见。

这时，杨爷爷的黑色环保布袋就派上了用场，原来里面装着稻谷，是为"林中仙子"准备的"见面礼"。"咕，咕，咕……"随着杨爷爷的几声奇妙的呼唤响彻山林，一片片洁白的羽毛相继在草丛中闪现，爷爷的"老朋友们"如约而至。白鹇三三两两，悠然自得地走来，有的跃上山石，有的穿行在竹丛间，或从平地飞上树梢，蓝黑色羽冠披于头后，腹部蓝黑色，背部和两翅白色，长长的尾羽似几条飘摇的丝带，如着一袭拖地长裙，"林中仙子"原来如此，应是如此（图21）。

图21　正在自在觅食的白鹇（林晖 摄）

白鹇为国家二级重点保护野生动物，它们喜好于林下植物稀疏的常绿阔叶林和沟谷雨林中活动，是杂食性鸟类，主要以昆虫、植物茎叶、果实和种子为食。白鹇性机警，胆小怕人，但面对杨爷爷，它们却一点也不害怕，在爷爷身边觅食嬉戏，这是一朝一夕的相处下，白鹇对杨爷爷的信任。

掐指算来，自2012年杨爷爷与白鹇结缘至今已有十余年，当时福建君子峰国家级自然保护区建起来后，木头不能砍了、毛竹不能砍了，杨爷爷就养了几千只鸡，"林中仙子"大概是饥饿难挨，屈尊与鸡同食，爷爷不忍心驱赶，就找一处幽静山谷偶尔给白鹇定点投喂一些食物，以此规避鸟类与人的冲突，白鹇也渐渐和他熟悉了起来。杨爷爷说："我靠得很近，就两米左右，白鹇也不怕我。那个鸟很可爱，飞来飞去好像凤凰一样。又听我的话，又跟我很有感情，就好像自己家人一样。我愿意在这山沟里待着，空气好，自己种一点菜，自己养点鸡，还能天天跟鸟玩。"

杨爷爷负责和鸟做朋友，他的孙子杨水清就负责把外面的朋友请进来，带着他们到山上去找鸟拍鸟。2014 年杨水清赴台湾交换学习之时，台湾当地"生态社区"营造给他留下了深刻的印象。台湾宜兰是著名的橘子产地，当地打造了橘之乡观光工厂，给参观者仔细讲述这看似平凡的橘子树，讲它结出的花与果实，讲人与橘子的关系和故事，带参观者体验"金橘蜜饯 DIY"项目，用真诚的感情来打动参观者，这种对生态、对生活极致的热爱感染了杨水清，当地村民们展示自然的方式也让他受益匪浅，他也决定把爷爷与白鹇的故事分享给更多的人。

2016 年开始，杨水清在村里打造起了"生态观鸟项目"。首先便是观鸟点的选择，杨水清通过查阅资料，请教专家，并结合爷爷多年与白鹇相处的经验，建立了一套既适宜人们观察又不影响鸟类野外生活的观鸟方式。相对稳定的鸟况吸引了很多鸟类爱好者、摄影爱好者到来，小山村越来越热闹。他们一家也借此机缘，开起了村里第一家观鸟主题民宿"云海人家"。小院不断升级改造，墙外画着白鹇、黄腹角雉、白颈长尾雉的美丽画面，每个房间也以各种鸟儿的名字来命名，院内绿植环绕，水声叮咚，亭中可泡上一壶古法金兰茶，感受原生态野茶的滋味，"鹇来吃茶"的故事也随着观鸟客带到世界各地。水清的妈妈特意去城里学习如何打理民宿，奶奶精心侍弄着她的菜地，爸爸为远道而来的客人奉上最地道可口的农家菜，一家人因"观鸟"而忙活了起来，其乐融融。如今，水清在"沪闽合作"中也寻求到了机遇，将紫云的"生态观鸟"故事推介给"阿拉上海人"和更多国内外的朋友，通过深度挖掘自然场景和生态人文故事帮助人们感受紫云原生态的美，将当地的稻米、生态茶等农副产品带出紫云，激活生态村的发展活力。从找鸟点、做民宿、到拓展生态农副产品，杨水清不断拓展延伸"观鸟"元素，打造起"观鸟＋旅游＋生态产品"的生态产业链。

随着游客越来越多，村里民宿、交通、餐饮等产业不断发展，杨水清开始探索"公司＋高校＋农户"合作运营模式，带动周边居民和村落一起参与到观鸟产业中。一是与有合作意向的村民一起培育观鸟点，目前，紫云当地有5个固定观鸟点，十几个季节性观候鸟的点位；二是组织在村里有私家车的村民，办起了"村的"，接送观鸟游客；三是盘活闲置房屋资源，改成民宿，如今已建成4家观鸟主题文化民宿；四是带动村民参与，打造自然研学项目。村民们带着孩子们探索自然、认识山中的一草一木，在夜里观星，到田间地头采摘，体验编草鞋、制作擂茶、打糍粑等传统民俗，形成了富有紫云特色的观鸟、游学和生态农业品牌。"现在真的有很多游客，来观鸟的、康养的、采摘的、钓鱼的、骑行的，周末能达到一两百人，有时人多了，吃饭都没地方吃。"紫云村党支部书记杨发喜说。

在紫云深处，鸟儿改变了村民的生活，也影响了村民的意识。没有建保护区前，村民会进山砍柴伐木，捕猎野生动物，田间作物成熟时，村民还会驱赶偷吃粮食的鸟儿，打鸟、吃鸟对山里人来说再正常不过。后来，紫云村部分山林被划入国家自然保护区，限制采伐种植，禁止食用野生动物，世世代代生活在这片土地上的人们失去了部分经济来源，不少人其实对保护区建设产生过抵触情绪。后来，随着观鸟旅游的带动，村民对保护区、对鸟的观点也发生了变化，老百姓获得了实实在在的生态红利后，开始自觉转向保护鸟儿，在与鸟类的互利共生中，人与自然各取所需，各有所得。

随着观鸟品牌的带动，紫云村引入森林康养元素，推动"生态观鸟＋森林康养"产业发展。利用紫云得天独厚的自然条件，培育"食用菌产业园"，观鸟故事为人们留下紫云原生态、天然有机的感知，从而为农副产品烙上"生态 IP"。紫云村党支部书记杨发喜相信："紫云村不要宣传唯一的产业，要百花齐放，要做可持续发展的产业，让老百姓不要在外打工，能够就地就业。"

如今，以紫云村"观鸟+"为代表，明溪县正在开发特色生态产业，用生态红利带动村庄发展。据官方统计，近年明溪县森林康养基地实现营业额约 1.3 亿元，进一步实现"生态富民"[①]。对此，福建君子峰国家级自然保护区管理局的黄琰彬、纪智旺、孙超等深有感触，他们见证了当地群众从捕鸟吃鸟到护鸟观鸟、从出国打工到回乡护林的重大转变，也见证了群众生态观念转变对保护区发展的促进作用。如今，保护区的物种更多样，鸟类较成立前增加了 88 种。紫阳镇党委宣传委员庄丽曾多次亲睹野外猴子戏耍的场景。保护区与群众休戚与共的关系正在构建。以紫云为代表的明溪县山区的绿水青山，正在转化为金山银山，当地的村民从关心自然保护自然中感受"生态之福"，收获了"生态之富"。

二、闽江河口的刘教授

中国生态文明奖每 3 年评选表彰一次。2019 年 6 月 5 日，第二届中国生态文明奖揭晓，福建省武夷山市生态环境局和长汀县三洲镇戴坊村村民兰林金、福建师范大学教授刘剑秋获奖。

刘剑秋是福建师范大学生命科学学院教授。2001 年寒假期间，他和同事们在对闽江河口湿地生物多样性调查过程中，发现湿地面积不断减少。在他和社会各界的共同呼吁和努力下，闽江河口湿地得到有效保护，重新成为全球濒危鸟类的重要栖息地。

今天，我们一起来听听刘教授的生态保护故事。

调研者：您是因何机缘开始关注湿地保护与生态文明建设？

---

① 福建明溪：山乡生态美，"观鸟"促振兴［EB/OL］. 中国新闻网，2022 年 4 月 20 日，https://m.chinanews.com/wap/detail/chs/zw/9733910.shtml。

刘建秋：我毕业于福建师范大学生物系，留校之前主要研究植物分类学，但一次闽江河口湿地外出考察改变了我的人生轨迹。由于对闽江河口湿地以及之后对全省天然湿地的关注，我的研究重心也从原来的植物分类学转到湿地生态学及生物多样性保护。湿地与生物多样性保护是生态保护、自然环境保护以及生态文明建设的重要组成部分，它与人类的生存空间、生活环境、人与自然的和谐息息相关。随着福建省对湿地和生物多样性保护研究和可持续利用的逐渐深入，特别是各级领导、有关部门和社会各界对湿地和生物多样性保护意识的逐步提高，福建省湿地和生物多样性保护已迈入了科学化、法治化管理的新阶段。研究转型后，我在植物分类学研究方面少了一些研究成果，但在福建省湿地与生物多样性保护、人与大自然和谐共生等生态文明建设方面，充分发挥了我的作用，也为此做出了贡献。

调研者：能请您详细介绍一下，闽江河口湿地保护从发现问题到立项、建设的过程吗？

刘建秋：因为课题研究的需要，我经常到福建闽江河口湿地进行考察。该区域由于天然湿地数量多、面积大，水生生物多样性极为丰富，每年冬季吸引数十万只冬候鸟在此栖息、觅食，其中不乏众多的国家级重点保护鸟类和中澳、中日协定保护的候鸟，常构成一幅幅令人流连忘返的湿地景观和生物景观，闽江河口湿地也因此被誉为"鸟类天堂"。

2001年冬，在对闽江沿岸植物资源调查过程中，我发现位于闽江河口区域正在开展大规模开发建设工作，包括在冬候鸟的重要栖息地——鳝鱼滩建设滨江大道，并计划将数百公顷的闽江口滨海天然湿地作为建设用地；位于闽江河口段的道庆洲、草洲和马杭洲天然湿地拟建设"华夏世纪园"，并开始围垦和吹沙造地；拟在沿闽江口两岸开展防洪堤建设。上述建设项目的开发，将占用闽江河口数万亩天然湿地，众多水生生物将失去赖以生存的生态环境，数以万计候鸟栖息和觅食地也将丧失。

天然湿地是生物多样性最主要的富集区之一，也是水生生物和鸟类重要栖息地和觅食地，闽江河口湿地区位独特、天然湿地面积大，类型多样，生物的多样性资源十分丰富。作为从事动植物资源保护的研究人员，我心里十分清楚天然湿地的大面积丧失意味着什么。为此，我与本院从事鸟类、鱼类、底栖与浮游生物研究的同事对闽江河口拟开发区域及周边湿地进行数次实地调查，取得基本数据。此后，约请媒体记者同行，沿途给他们介绍闽江河口湿地的基本概况、保护天然湿地的重要性及其候鸟的栖息、觅食和分布情况。福建人民广播电台记者吴涛根据实地考察和采访结果，分别于2002年4月10日和4月23日在福建省人民广播电台新闻频道和福建日报要闻版播（刊）发了《专家呼吁抢救性保护闽江河口湿地》的新闻稿，引起社会较大反响。

2002年4月29日，时任福建省省长习近平同志专门做出重要批示，要求重视对湿地的保护。6月25日，根据习近平同志的批示，相关部门开展调查研究，很快撤销了拟在闽江河口湿地鳝鱼滩修建滨江大道及相关围垦项目的计划，并于翌年8月在该区域的水鸟集中分布区建立了县级自然保护区。

2003年，由福州市城乡规划局及福州市科技局分别立项资助，开展"闽江河口湿地概念性保护规划"和"闽江河口湿地生物多样性及其保护对策"研究。我与本校及福州市环境科学研究院的相关专业的专家、教授组成课题组，历时两年，对闽江河口湿地进行全面深入的科学考察和研究，完成了《闽江河口湿地生物多样性及其保护对策》《闽江河口湿地概念性保护规划》两个专题报告（规划），提出对闽江河口湿地采取分级分层次保护的总体构想，即在闽江河口湿地（鳝鱼滩）建立湿地自然保护区，在塔礁洲等主要草洲和江心洲建立湿地公园或保护小区，在江边洲、马姆洲等滩洲建设生态型绿地景观项目。

2007年12月，福建省政府批准建立福建闽江河口湿地省级自然保护区，总面积3129公顷。2008年，国家林业局批准在闽江河口湿地自然保护区南侧的天然湿地建立闽江河口国家湿地公园。2013年6月，经国务院批准，原福建闽江河口湿地省级自然保护区隶属于长乐区的部分湿地晋升为福建闽江河口湿地国家级自然保护区。2017年，福州市还建立了闽侯塔礁洲湿地公园。在此期间，福州市人民政府批准实施了《福州市湿地保护规划（2014—2025）》。

调研者：您觉得，闽江河口湿地的保护效果如何？

刘建秋：20多年来，在福建省及福州市政府的高度重视下，根据闽江河口湿地不同区位、功能、湿地类型、生物多样性分布以及水环境情况、分别建立了自然保护区、湿地公园、海洋公园、水产种质资源保护区和饮用水源保护区等自然保护地。此外，该区域已有5处自然保护地被列为福建省重要湿地。福建闽江河口湿地国家级自然保护区还分别于2020年、2023年入选中国重要湿地名录和国际重要湿地名录。

经过上级主管部门、众多专家教授和社会各有关人士的共同努力，闽江河口湿地又重新成为"鸟类天堂"，该区域独特的滨海湿地景观、生物多样性景观让人们流连忘返。2016年，闽江河口湿地还被中央电视台评选为"中国十大魅力湿地"。包括闽江河口湿地在内的福州天然湿地已走上了科学保护和可持续发展的道路。

调研者：湿地被称为"地球之肾"，请您谈谈湿地对于人类社会的重要性。

刘建秋：湿地与森林、海洋并称为全球三大自然生态系统。是人类最重要的生存环境之一，在建设生态文明、实现可持续发展中发挥着不可替代的重要作用。它是生物多样性的富集之地。以闽江河口湿地为例，这里记载水鸟达166种，成为名副其实的"鸟类王国"，也是一些全球最为濒危物种的关键庇护所。湿地具有涵养水源、净化水质、蓄洪防旱、调节气候等其他系统所不能替代的重要作用，是极其珍贵的自然资源。

目前，福建省已建立10处省级以上湿地类型的自然保护区，10处国家级、省级湿地公园，50处省级重要湿地、1处国家重要湿地、2处国际重要湿地。我作为为此奋斗20多年的一分子，为此感到欣慰。

调研者：您觉得当前生态文明建设的成效如何？

刘建秋：随着生态文明建设宣传的不断深入，广大人民群众对生态文明建设的意义，以及身边自然环境的不断改善多持支持和肯定的态度。比如，我上周到永泰县嵩口镇龙湘村调研，在只有几户人家的一个自然村里，每户人家门口都摆放一个塑料垃圾桶，据介绍，村委会每天会派出专门的人员来收集和替换，村子主干道每天有人专门打扫。此外，该村自来水已统一安装，煤气罐已经普及，也有一些村民使用电饭煲和电磁炉等，利用电能日常做饭。这些年，通过美丽乡村建设、生态文明示范区建设，已初步形成了乡风文明、村容整洁的环境，农村的生态与景观发生了较大的变化。生态文明建设已逐渐成为广大群众的自觉行动。

调研者：您觉得，"绿水青山就是金山银山"的价值实现路径在哪里？

刘建秋："绿水青山"是两个属性的综合体，一是自然资源，二是生态环境，"金山银山"则是人类物质财富的集合体。"绿水青山就是金山银山"的发展理念，需要理解自然生态是有价值的，保护自然就是增值自然价值和自然资本的过程。

"绿水青山"的价值大致可分为三类：

第一类是可以直接兑现"金山银山"，即可作为生产要素具有直接经济价值的自然资源，如土地、矿产、森林等。这类自然资源进入市场后具有经济价值，能够直接转化为货币化的经济收入，实现其价值。

第二类是可以创造"金山银山"，即通过投入人力和物力，增加优质的生态产品和服务供给，把生态环境优势与生态经济优势相结合，实现其价值。

第三类是无法直接带来金山银山的，如国家公园、自然保护区、各类自然公园、生态保护红线区等，由于禁止开发，无法使绿水青山的价值直接转化为"金山银山"，但上述自然保护地保护了国土80%以上的国家重点保护的珍稀濒危物种，有重要生态价值的森林、湿地和海洋生态系统，虽然其生态系统服务价值难以精确评估和直观体现，但却为子孙后代留下了原生态的绿水青山和最后一片净土。

交流中，我们深切感受到，像刘教授这样为生态文明建设四处奔波的专家学者和日夜守护绿水青山的百姓们，都是习近平生态文明思想的生动实践者，大家正共同谱写人与自然和谐共生的动人篇章。

三、土楼的造福与东山岛的《树缘》

土楼是福建传统建筑中的特殊标志，无论是龙岩永定的土楼，还是漳州南靖的土楼，均充满"福"文化符号。关于土楼所表现出来的"福"文化追求，曾经有学者总结为三方面[1]：

其一，在传统风水观念中，山旺人、水旺财，故土楼多依山就势，山环水抱，借以纳百福，从而使人丁兴旺。我们不应该盲目迷信风水，但它体现了古人对自然环境的重视，他们相信环境对个人和家庭的幸福会产生影响。从这个意义上讲，不无道理。

其二，守序合规带来的安定被认为是很重要的福气之一，土楼对平安的诉求更强烈地表现为"由内向外防御性逐渐增强"的特殊的院落层次。家庭有序和睦、生活安宁安全，始终是人类的基本需求，也是幸福生活的保障。

其三，把对美好生活的期盼融入建筑之中。比如圆形设计体现出平等与和睦的同时，也寓意着团团圆圆、生生不息。而且圆形无角，以"无角"避走"煞气"具有纳福避煞之意。田螺坑土楼群，五座土楼组成有圆有方，俯瞰像一朵花的形状，被称为"梅开五朵"，在梅花花心之处是"步云楼"，寓意今后发财致富，不断进修，步步登高等。

时至今日，土楼的建筑功能依旧，不少人家仍然生活其中，还有一些地方则变成了文化创意场所或纯粹的旅游景点，不管怎样，福建的土楼群落已经整体纳入世界文化遗产名录，开始在保护中传承并不断活化，

---

① 杜蒙蒙，王娟.闽地福文化影响下的传统民居建筑研究［J］.雕塑，2023年第1期，第80-81页。

继续造福这里的人民。不仅使土楼主人的子孙后代因此获益，旅游业的兴起和文化遗产区域的保护，为当地所有人带来了新的生活方式，创造了新的工作机会和致富门路。距离漳州市区一小时路程、距离田螺坑著名"四菜一汤"的土楼群仅半小时路程的"云水谣"便因土楼和保留数百年的古树、栈道等而得福，全村变成了网红民宿村，节假日经常一房难求，各家各户的自产茶叶、糯米酒等成了客人挡不住的伴手礼。

土楼之福是祖先们用自己的智慧和双手创造出来，那些建在沼泽地上的土楼令人叹为观止。游览完土楼后，如果时间允许的话，当地人往往会建议游客去东山岛转一转。

东山是全国第六、福建省第二大海岛县，也是"绿水青山就是金山银山"实践创新基地。这里是谷文昌精神的发祥地，省外不少人听说东山岛正是因为"谷文昌"这三个字。他是一位历经抗日战争、解放战争的老革命，新中国成立后服从组织安排，留在福建东山工作，曾担任东山县县长、县委书记。他为官一任，造福一方，不畏艰苦，实事求是，带领东山县人民苦干14年，植树造林、防治风沙、打水井、建水库、抗旱排涝，终于把一个荒岛变成了宝岛，在当地干部群众中竖起一座绿色的丰碑。

2023年东山县融媒体中心出品的《绿色丰碑谷文昌》主题曲《树缘》这样怀念老书记："我想我的前世一定是一棵树，所以今生追寻你的脚步。从中原大地到闽南沙土，深深地扎根为百姓挡风开路。一棵树、两棵树，每棵都有你的付出。千棵树、万棵树，每棵都有我的祝福。"歌词质朴、形象生动，音乐灵活多变，曲调深情委婉，具有独特的艺术魅力，形象再现谷文昌带领东山人民植树防沙、绿化东山的英雄事迹，不断传唱着一个铭刻在人民心中的共产党人的奋斗造福的传奇。

创造土楼的祖先们，为家业兴旺、世代安宁而设计了独具特色的建筑，它是那个年代人们对幸福生活向往的表现。以谷文昌为代表的共产党人则用自己的行动，树立起新时代"前人栽树，后人乘凉"福荫天下百姓的绿色丰碑，向世界宣示了党和政府为民谋幸福的崇高目标。

四、碳福问答："四有"书记如何治风沙？

碳碳："福福，在东山岛上，总有老百姓提到'四有'书记，我知道他们说的是谷文昌老书记，可我不好意思问他们什么是'四有'？"

福福："一会儿我们去东山国家森林公园里去转一圈你就全明白了。那里有一个谷文昌纪念园，建有谷文昌纪念馆、陵园、塑像。还有一部纪录电影，专门讲述谷文昌心中有党、心中有民、心中有责、心中有戒的感人事迹，这就是大家所说的'四有'书记。他在担任东山县委书记期间，为推动当地生态文明建设做出了卓越贡献。"

碳碳："我知道，谷文昌曾经说过：'不治服这风沙灾害，东山人民是无法过好日子的。要治穷，得先除害！'这句话听起来好有使命感啊！那时候条件很差，怎么才能带领大家治理风沙呢？"

福福："碳碳，你说对了。一方面，那时候条件真的很差，另一方面，谷文昌是带领大家治沙，而不是指挥大家治沙。他为此费尽心思，深入研究，长期组织群众筑堤拦沙、挑土压沙、植草固沙、种树防沙，从 1953 年到 1964 年，苦干十年，才取得成效。"

碳碳："他真是'为官一任，造福一方'啊！"

福福："没错，谷文昌的努力让东山人民摆脱了风沙灾害的威胁，过上了更好的生活。他的贡献得到了广泛认可和赞扬。2001 年 4 月，福建省林业厅将谷文昌誉为'林人楷模'。至今，还有人为他创作歌曲，不断传颂他事迹，传承他的精神。"

碳碳："那首《树缘》写得真感人。有了谷文昌这样的干部，真是东山人的福缘啊！"

第七节 "有福之州"的生态友好福

碳碳："福福，你知道碳汇也分蓝绿吗？"

福福："这么神奇？碳汇还分颜色。"

碳碳："其实碳本来是没有颜色的，只不过我们藏身的地方有颜色。比如藏在树林里就是绿色的，藏在海水里是蓝色。"

福福："长知识了！所以'绿碳'就是森林碳汇，'蓝碳'就是海洋碳汇。"

碳碳："你可真能举一反三，赞！不过，科学家所说的蓝碳和绿碳比这个要更严谨一些。你猜猜，福建省内哪个城市既能享有蓝碳之福，也拥有绿碳之福。"

福福："我觉得有很多城市，凡是靠海的城市，只要有森林的都算。比如宁德、厦门、泉州、漳州、莆田等，好像除了山区市县，都能享受双色碳福呢。"

碳碳："是呀。不过，你听说过'七溜八溜，不离福州'这句话吗？我觉得论双色碳的面积和享福的人口，福州可能最有代表性。"

福福："对啊，怎么忘了'有福之州'呢！那里的'福道'可有魅力了。"

碳碳："其实，这里有两条'福道'，一条是看得见的城市步道，另一条是能感受到的碳福之道。"

福福："碳碳，恭喜你，你这个小精灵完全复活啦！"

2023年10月28日，福州凭借在可持续发展和绿色生态保护等方面的卓越成就，荣获"首届全球可持续发展城市奖（上海奖）"。从碳福揭秘的角度看，"有福之州"获此殊荣绝非偶然。放眼全国，同时兼具丰富的蓝碳和绿碳的省份并不多，大部分省只具其一，有的省份两者均稀缺，欲享碳福并非易事。福建省能够率先共享碳福，与其同时拥有两种碳汇的先天优势密不可分。但天然优势并不必然带来碳福。它需要有先行先试的闯劲和智慧，也需要对"福"文化有深层的认识。

福州东有罗源、连江、长乐、福清等沿海大县，西有永泰、闽清等森林生态县，三坊七巷凝聚半个中国近代史，侯官文化、船政文化、侨乡文化、海丝文化等多种文化在此汇聚，人们对"福"文化的理解更为多元,更为丰富,也更为深刻。或许正因此,很多人"七溜八溜,不离福州"(图22)。

图22 碳福人家

一、渔业大县抢占蓝碳高地

福州市连江县自西晋设县以来,至今1700多年,是福建省建县最早的五县之一,素有"鲍鱼之乡""海带之乡"等美誉,渔业特色鲜明。正是这个传统的渔业大县,在碳达峰、碳中和的国家战略面前,抢占了蓝碳高地。

这里所谓蓝碳,就是海业碳汇。2011年,连江县开始建设全国第一家碳汇渔业养殖基地,面积为4000亩,摸索海水生态养殖新模式。他们主要从事藻类和贝类混合养殖。一来改善了水质,保护了环境,二来提升了鲍鱼质量,三来形成藻、贝混合养殖,增加了经济效益,减少因大量残留鱼饵、抗生素等废污水对海洋造成的污染。人们把渔业生产活动促进水生生物吸收水体中的二氧化碳,并通过收获生物把这些碳移出水体的过程和机制称为渔业碳汇养殖。

11 年后，即 2022 年 1 月 11 日，碳福终于降临连江。当天，该县依托厦门产权交易中心（厦门市碳和排污权交易中心）的全国首个海洋碳汇交易平台，正式完成 15000 吨海水养殖渔业海洋碳汇交易项目，交易额 12 万元。该项目通过自然资源部第三海洋研究所出具了核查报告，成为全国首宗海洋渔业碳汇交易，标志着我国海洋渔业碳汇交易领域实现"零的突破"。

二、山区县走上生态致富路

永泰县是福州市的山区县，闽江最大的支流大樟溪流经永泰全境，这里的嵩口镇曾经是船运繁华的码头。但是，受交通条件的限制，在沿海地区市场经济蓬勃发展之际，这个高度依赖农业生产的山区县一度陷入贫困。生态文明建设为古村镇、古寨堡、古河道、古文化的振兴带来了百年难得的新机遇。

（一）嵩口古镇的生态宜居

据统计，福建省全省有 200 个名镇名村，其中永泰县域内有国家级传统村落 33 个、省级传统村落 47 个，数量均位居福建省第一，至今美丽乡村建设成效连续三年位居福州市第一。如何在守住古镇文化根脉的同时，让古镇活起来，旺起来，让古镇吸引人、留住人？永泰县为此进行了许多有益的探索。福建省委宣传部课题组曾经对永泰县传统村落保护与发展的"嵩口模式"进行深入研究和解析，并用"藏在深山人未识，撩开面纱惊八闽"形容嵩口作为全省 10 个历史文化名镇名村试点所取得的成绩。

具体一点说，嵩口镇没有进行大拆大建，而是坚持"自然衣、传统魂、现代骨"修复理念，只用 20% 的新东西，80% 借助于已有资源，用最小的干预重塑古城文化生态宜居空间。同时，在古镇振兴中，保持开放心态，邀请台湾地区成熟的设计团队，共同挖掘当地文化资源。尤为重要的是，嵩口采取"本地人办本地事"等措施，充分调动当地民力、民智和民资参与古镇建设，保护古镇时人不搬、房不拆，吸引了一批有情怀、有创意、稳定可持续的人才队伍扎根嵩口。

经过多年努力，嵩口镇作为福州市唯一的中国历史文化名镇，依托当地的自然景观和人文历史，已经建成"中国乡村旅游创客示范基地""全国特色景观旅游名镇名村""国家级生态镇""全域生态旅游小镇"。如今，"嵩口模式"已经在永泰形成示范效应，同安镇、梧桐镇等以此为鉴，结合本地实际，打造出春光村、爱荆庄、仁和庄等网红景点。为了持续推动永泰庄寨遗产的保护和发展工作，永泰县先后出台《永泰庄寨抢修资金的奖补办法》《永泰县农村民房使用权流转指导意见》等政策文件，并成立国内首个"古村落古庄寨复兴司法保护基地"，由县财政安排专项资金用于古村落、古庄寨的保护与发展。

（二）大樟溪的水活了

除了盘活祖辈留下来的古村镇、庄寨外，永泰人还倍加珍惜大自然的恩赐。保护好"母亲河"大樟溪的同时，形成"水"产业，释放出令人惊喜的经济价值和发展动能。

2023年7月14日，经过十年谋划和建设，全长181公里、总投资61.6亿元的福建省平潭及闽江口水资源配置工程（简称"一闸三线"工程）全线通水。其中的水正是来自大樟溪。"一闸三线"通水之后，每年约有8.7亿立方米优质原水输送到福州及平潭地区，惠及580多万人口。通过探索建立大樟溪上下游生态补偿机制，受水区域以每吨0.2元反哺永泰，每年带来上亿元的生态补偿收入，进一步激发永泰人民治水护水的积极性。同时，位于白云乡的永泰抽水蓄能电站四台机组全部投产发电，为东南沿海新能源大规模开发利用提供了"超级蓄电池"，为福建电网增加可调节负荷240万千瓦，每年可发清洁用电约12亿千瓦时，减少标准煤消耗20.79万吨，实现碳减排42.2万吨，还能为永泰县带来两亿元税收，成为永泰县高质量绿色发展的重要能源引擎。

据检测，得益于永泰县优越的自然条件，当地的地下水含有远高于国家标准的偏硅酸，永泰有望成为矿泉水的绝佳水源地。此外，永泰县还有福州市首个集原料种植、酱酒酿造、产品营销、文化展陈于一体的白酒产业园，越来越多的用好水资源、做强水经济、打响水品牌的项目正在开展，大樟溪的水活了，大樟溪养育的人民日子也越来越活。

三、通往可持续发展的"福道"

首届全球可持续发展城市奖（上海奖）共有来自全球 16 个国家的 54 个城市申报，最终"有福之州"喜获全球首批 5 座可持续发展城市殊荣。其获奖的理由是，聚焦绿色经济和数字经济的可持续发展战略，创新实施城市水系治理工程，建设成为绿色低碳生态友好的"千园之城"。绿色、低碳、生态友好等关键词充分表明，福州所走的可持续发展道路是生态文明之路，是一条包含碳福在内的未来"福道"。

"福道"对于外地的朋友可能有点陌生，但对福州人而言，是一条实实在在的生态康养之道，并且已经由福州市区向郊区市、县辐射。如今，来到福州的朋友，除了必去三坊七巷外，可能就会被推荐到"福道"走一走。

有人说，游三坊七巷可以体验福州两千多年来的文化底蕴，仅中国近现代史上的名人就能让你久久流连——林则徐、沈葆桢、黄乃裳、林纾、严复、林觉民、侯德榜、郑振铎、冰心、林徽因、高士其、陈景润等等，总有一人、一处或一景能让你驻留。这里还被称为"中国明清建筑博物馆"，人、物、宅、历史在这里交融。

你或许会说，现在网络通信如此发达，即使不到三坊七巷也可以在线参观。如果你不介意网络的虚拟感，这确实是一个既高效又经济的游学路径。不过，福州人要向你推荐的"福道"可不能来"虚"的。

即使是福州人，也有许多人不知道，这条 19 公里的步道是至今全国最长的森林步道，也是全国首个钢结构森林步道，据说比世界著名的新加坡亚历山大城市森林步道长十余倍。更有意思的是，为了让步道下方的植物继续正常生长，在福道的建设过程中，曾用十几头骡子驮运水泥、砂石和钢材。正是用这种最原始的运输方式，工程建设中既完整保护了整条福道的地面植被，也没有惊扰福道周边的野生动物，松鼠、野鸭子照常出没。同样，为了不破坏生态，施工方在国内首创"桥面吊机滑行吊装"工艺，"悬浮"在树上作业。这个工艺说起来有点复杂，在此不赘述，我们知道它曾经获过不少大奖，便知其不易。

福州市区的福道，东北连接左海环湖栈道，西南连闽江，横贯象山、梅峰山、金牛山等，贯穿左海公园、梅峰山地公园、金牛山体育公园、金牛山公园、国光公园等五大公园，是福州市首条城市山水生态休闲健身走廊。不熟悉福州的朋友可能想象不出这些景点。总结来说：福道所经之处，尽显福州多山多水之美，半个福州的最美山水尽收眼底，构建了一套都市中心的特色山水休闲慢行系统。比如，你会路过福州市首个山地类海绵公园，看到福建省唯一的沉水桥，与生长在林间的原生态的芒果树、榕树、樟树等绿色治愈系植物亲密接触等。因为是高架，它能够满足你，穿山、看水、观城、赏园、歇亭、行道的一体化想象。

据说"福道"谐音"福到"，这一点倒是充分体现了"福"文化的特色。无论设计者是否有此用心，但它确实让福州人民在城市漫步中获得一种幸福感。说到幸福，不同的人理解不一，但或许没有哪一条街区能像福州的三坊七巷那样，集中了诸多贤达名流对"福"字的理解。那些叱咤风云的历史人物，要么是留下名言佳句，要么身体力行，造福一方，无不向人们诉说着自己对幸福的理解。

位于福州市鼓楼区南后街北口西侧与杨桥巷交汇处的杨桥路17号，门前挂着"林觉民故居"和"冰心故居"两块牌子。两位历史名人的故居位于一处，只是因为房产主人的变更，纯属偶然。很多游客认识三坊七巷便由此开始。走进故居，首先映入眼帘的是林觉民的塑像和"为天下人谋永福"的誓言。这句誓言摘自他那著名的《与妻书》。故居里展示了这份手稿。他写道："汝体吾此心，于啼泣之余，亦以天下人为念，当亦乐牺牲吾身与汝身之福利，为天下人谋永福也。

汝其勿悲！"一个曾经的天才、家族的希望、英俊的青年，抱着为天下谋永福的信念，参加孙中山领导的广州起义，不幸牺牲，成为"黄花岗七十二烈士"之一。故居的设计者从他的绝笔信中摘下这句"为天下人谋永福"，悬于进门处，想必是要默默地启示大家去思考，究竟什么是真正的"福"，或者反思"福"从哪里来吧。

走进鼓楼区澳门路 16 号的"林则徐纪念馆"，人们常常在一副对联前驻足：苟利国家生死以，岂因祸福避趋之。它摘自林则徐远赴新疆戍边时，口述留给家人的《赴戍登程口占示家人（一）》。如今，在林则徐的故乡，福州市福清市的林则徐公园里，有一块石碑上完整地记录了这首诗。诗中对自己被贬没有丝毫的抱怨，即使力微、任重、神疲，也以国家利益为重，不计较个人的福祸。

走出三坊七巷，再回到福道上，远望连江的生态养殖，尽情呼吸全流域生态县的负氧离子，感受古镇嵩口的乡愁乡韵，便不难理解，福州人民为什么能同时享有蓝碳与绿碳的双色碳福。因为生态之福是天下人共有之福，而不是某个人、某个家庭、某个群体、某个集团所独有之福。走上"福道"的福州人正在真切地体会到，良好生态环境是最公平的公共产品，是最普惠的民生福祉。

福州如此，福建亦如此。"十四五"期间，福建省实施园林绿化"百千万"工程，将建成 100 平方公里郊野公园，在高铁和高速路沿线建 1000 公里"绿色生态长廊"，因地制宜建设万里福道。也许，不远的未来，人们在说起"七溜八溜，不离福州"时会想起另一句话：村道街道，都是"福道"。

四、碳福问答：碳如何分蓝绿？

福福："碳碳，我觉得，这个'福道'其实就是通向'碳福'之路。只不过，人们没法把它修到海上去。"

碳碳："修到海上也是可以的。厦门就有一条环岛观光大道，其中有一部分就是跨海搭建。中国电影最高奖金鸡奖的颁奖活动曾经在那里举行。每天晚上在那里散步、观海的人可不少呢。"

福福："这么说，还有一个地方，就更是把福道修在海上了。那就是平潭。这里正在打造国际生态旅游岛，把生态环境当作'真宝贝'精心呵护。这里的蓝碳应该很丰富吧。"

碳碳："说到蓝碳，我还要补充一点。绿碳、蓝碳都是与碳排放和生态环境保护相关的概念。在 2009 年，联合国环境规划署（UNEP）等国际组织在联合发布的《蓝碳：健康海洋对碳的固定作用》评估报告中正式提出'蓝碳'概念。在这份报告中指出全球自然生态系统每年通过光合作用捕获的碳中约 55% 由海洋生物捕获并固定储存于海洋生态系统，该部分的'碳'被称为'蓝碳'，即海洋碳汇。"

福福："所以，我常听到的海洋碳汇，其实就是蓝碳。"

碳碳："没错，而陆地绿色植物通过光合作用固定二氧化碳的过程被称为'绿碳'。"

福福："它们的作用有什么不同呢？"

碳碳："蓝碳是通过海洋生物吸收二氧化碳，尤其是海草、红树林等生态系统在海水中吸附和固定碳，有助于减缓气候变化。而绿碳则是由陆地上的植被吸收二氧化碳，维持生态平衡，也对气候起到调节作用。保护蓝碳和绿碳资源对于生态平衡和气候变化的缓解都至关重要，比如我国对滨海生态系统蓝碳开展研究，并通过恢复盐沼湿地、红树林、海草床等生态系统来获取新增碳汇。"

福福："真是'八仙过海，各显神通'。只要人们理解大自然、善待大自然，自然界有着很神奇的自我平衡能力。"

第四章　保障：碳福咋实现

图 23　"双碳"生活节节高

福福："碳碳，我们在八闽大地转了一圈，感觉大家还是挺喜欢你的，已经有很多人因为与你相识，改变了生活观念和生活方式。人们呼吸的空气更清新了，房前屋后绿盈满园，连收入来源也变'绿'了（图 23）。"

碳碳："哈哈，我知道，炒股票的人可不喜欢'绿'。但追求碳福的人就不一样，绿色是生态文明的底色。不过，也有人在担心，这种绿色收入会不会只是临时收入？以后会不会又有人滥伐森林，滥捕鱼虾，滥采山石呢？"

福福："人们常说，林子大了，什么鸟都有。总会有这样一些人，因为无知或其他原因，去破坏生态环境。所以，完善的制度才是咱们'碳福'的根本保障。"

共享碳福究竟需要什么样的制度保障呢？它涉及的面非常广，本章仅从以下三方面概述。首先，需要有一种制度，让人感受碳福的存在，它是一种制度创新，即让碳排放可测量可交易；其次，我们要规范人们共享碳福的行为，即制定生态文明建设的基本行为规范；最后，要激活各种社会资源，促进碳福具有可持续发展性，重点是发挥市场作用和司法功能。

第一节　测碳有"神器"

福福："碳碳，你知道吗？很多人不是不愿意保护环境，他们也理解绿水青山是无价之宝。可是不能守着无价之宝饿肚子。要是有办法把无价之宝到底值多少钱算出来，让大家实实在在地认识到它的价值，并且能够用来交换，肯定就会有很多人更自觉地去保护生态环境。"

碳碳："是这样。将乐县的森林碳汇交易、连江生态渔业碳汇交易，还有很多地方试验的绿色银行、绿色金融创新，都是为了解决这个问题。说白了，大家就是想测测我的体重、体积和能量，然后去计算，需要种多少树来吸纳我。"

福福："可是你千变万化，怎样才能把你测量明白呢？"

碳碳："这我可就不懂了。也许需要发明一把尺子或天平，像量身高、体重那样的工具。"

福福："这也不是我的专长啊。不如，我们去四处打听打听，也许已经有聪明人发明了这样的'神器'呢。"

碳排放的治理有全球性的专门机构——联合国政府间气候变化专门委员会（简称IPCC）。它由世界气象组织（WMO）和联合国环境规划署于1988年共同成立。IPCC于1994年发布了《国家温室气体清单指南》，在此基础上逐年完善，成为国际社会认可度较高的碳排放测量指南。

以下四种方法是目前比较常见的碳排放和碳汇测量"神器"（图24）。"神器"告诉我们，碳福并非子虚乌有，而是可以测量、可以固定、可以感知，也可以分享的。

图24　你的一举一动，都逃不过测碳"神器"

一、碳排放测量

（一）排放因子法

排放因子法也被称为排放系数法，是目前应用最为广泛的碳排放量核算方法，也是国内外碳排放清单编制的依据。如中国发布的《省级温室气体清单编制指南（试行）》就是依据碳排放因子法。[①] 排放因子法认为，人类的每一种活动都有比较稳定的碳排放量。因此，给每一种人类活动都赋予一定的排放因子，再用统计数据或监测数据的总量，乘以单个的排放因子，就得到了这种活动的总排放量。然后将不同种类活动的总排放量相加，就能够得到一定周期内的碳排放总量。尽管人类活动产生的碳排放并非仅限于二氧化碳，但为了便于表述和统计，科学家们统一将甲烷、氧化亚氮、全氟化物、六氟化硫等其他温室气体，折算成二氧化碳后再参与计算。

所谓因子就是指每一种能源燃烧或使用过程中单位能源所产生的碳排放数量。计算因子的公式更为复杂一些，因为它还需要考虑不同燃烧设备中，相同的物料燃烧程度的不同，其所排放的二氧化碳等也会不同。这种计算方法的特点是简便易用。它提供了一个排放因子表，大家可以根据人类活动的程度来计算。对照计算表，我们可以发现，原煤、焦炭、原油的二氧化碳排放系数分别是 1.9003、2.8604 和 3.0202，其单位是 "kg CO_2/kg"。用系数乘以我们日常消耗的原煤、焦炭、原油的量，就可以得出我们的生产与生活对碳排放所做的"贡献"，如果我们取消了相应的生产与生活行为，就对碳福做出了真正的贡献。

这个排放因子法看起来很简单，但是那么多的统计数据不好收集，也存在收集不全和收集缺漏的地方。因此，排放因子法并不能完全准确地把碳排放量测算出来，只能得到一个大概的结果。

大概的计算结果对于我们提倡低碳节能的新发展理念已经足够。

---

① 刘学之，孙鑫，朱乾坤，等.中国二氧化碳排放量相关计量方法研究综述［J］.生态经济，2017 年第 11 期，第 21–27 页。

比如，我们只需要记住：家庭用电的二氧化碳排放量（千克）等于耗电度数乘以 0.785；使用汽油的家用小轿车通常二氧化碳排放量（公斤）等于油耗数乘以 2.7（图 25）。相应地，我们可以通过少用一度电、一瓶气、一桶水、一次车来减少碳排放，增强碳福感。

图 25 算算今天我的碳排放

（二）生命周期评价法

它有一个更形象的名称"从摇篮到坟墓"。它是基于产品的整个生命周期内的间接和直接碳排放量的核算方法，主要通过记录产品生命周期内的碳足迹来进行碳排放评估。生命周期评价法通常涉及企业生产、物流运输以及基于物质流分析的碳会计核算，多用于微观生产生活中的碳排放核算。

以水污染的生命周期分析为例。用这种方法可以发现，在开展水污染治理中，除了要考虑建设水污染处理效果好的设施外，还要考虑废水处理厂整个生命周期内在其他方面所产生的重要环境影响，它包括水污染处理设施的设计、材料和能源的获取、施工过程、运行管理和报废拆除的全过程，进而将技术、经济、社会和心理等因素与环境保护联系起来，计算整个生命周期中产生的碳排放量。

二、碳汇测量法

（一）生态系统服务功能评价法

不仅碳排放可以测算，生态环境吸收碳排放的功能即碳汇，也是可以测算的。比较有代表性的碳汇测算方法可以称为生态系统服务功能评价法。学者认为，生态环境自身会形成一整套的循环系统——生态系统，生态系统在运转过程中产生的功能能够满足人类社会的需要，所以人们把这种功能称为生态系统服务功能。因此，碳汇是与生态系统相伴随，无处不在的。为了更好地测算生态系统服务，美国斯坦福大学、大自然保护协会（TNC）与世界自然基金会（WWF）联合开发了一个 InVEST 模型，用于模拟不同土地利用情景下生态系统服务功能的变化。人们往往借助这个模型来进行碳汇核算。InVEST 模型将生态系统碳储量划分为4个基本碳库，即地上生物碳（土壤以上所有存活植物中的碳）、地下生物碳（植物活根系统中的碳）、土壤碳（矿质土壤和有机土壤中的有机碳）和死亡有机碳（凋落物、枯木和垃圾中的碳）。碳储量是由各土地利用类型4个碳库的平均碳密度乘以相应的土地面积计算所得。

（二）生物量测定法

生物量测定法也叫生物量法，是测定自然生产力的一种方法，较常用于在具体的环境中进行的碳汇测算。生物量法实质是将某个环境中的不同生物进行归类，确定为几种类型。比如要测算一个林地的生物量，林地中有不同的树木、草地等植物。在这种情况下，就可以将不同种类的树木、草地归类成乔木、灌木、草地，分别在乔木、灌木、草地中各选取一种树种的碳汇量代表这三类植物的碳汇系数，碳汇就很容易得到了。生物量法碳汇量 = 某植物的单位面积生物量 × 面积 ×

碳系数。为了更加精准地获得碳汇，可以将不同植物的碳系数进行细分，还可以借助实测生物量数据、遥感技术和植物生命周期评估等方法提升碳汇测定的精准度。

三、更多"神器"

当然，除了上述两种方法外，实际生产和实验中还有很多方法测量碳排放和碳汇，比如，碳排放方面可以用质量平衡法或称物料衡算法、实测法、投入产出法等；碳汇可以用生物量转换因子法、遥感反演法等。

其中，质量平衡法是较早被广泛运用的一种碳排放核算方法，方法相对简单，较为实用。它是基于能量守恒原理的一种碳排放量核算方法，根据国家每年生活生产中投入的新化学物质和设备计算为此消耗的化学物质的份额，进而代入相应的碳排放系数，得到碳排放量。生物量转换因子法包括特定统计法和总量评估法，是在生物量法之上的叠加；遥感反演法是运用软件将卫星图像数据化，结合实地调研数据获得碳汇数据。

如果要求更为准确的数据，则可以使用实测法，即实地测量法。它是通过国家相关部门的连续计量设施测量二氧化碳排放的浓度、流速以及流量，并使用国家认可的测量数据基础来核算二氧化碳排放量的方法。这个方法的测量结果相对精确，推算的环节较少，但是数据获得的难度较大，成本极高。由于社会生产生活包括人类活动的方方面面，难以进行宏观的全面测量和观察，只能针对某个微观的具体的活动进行观测和监督，而且在采样过程中要确保样品的代表性，观测数据才能准确。

相对而言，人们经常使用投入－产出法，对各产业的碳排放量进行估算。未来，随着测量科学的不断发展，人类将拥有越来越多的碳排放和碳汇测量"神器"，能够让碳福变得越来越具有可测量性，可感知性。

四、碳福问答：低碳节能与个人有关吗？

碳碳："福福，前面提到了'低碳节能'，这是什么意思？难道是不需要碳碳了吗？"

福福："碳碳别担心，就像血糖高的人要适当少吃甜食一样，低碳节能是指采取一系列的措施来降低碳排放，同时提高能源利用效率的行为和生活方式，并非不需要碳碳哦。"

碳碳："哦，我明白了。人类当前面临的生态危机是碳排放太多了。"

福福："是的。碳排放是导致气候变化的主要原因之一，通过降低碳排放，可以减缓全球变暖的速度。而且，低碳节能还能帮助我们更有效地利用资源，降低对环境的压力。"

碳碳："那日常生活中怎么做才能实现低碳节能呢？"

福福："我们可以从小事做起，比如选择使用能源更高效的设备，购物时尽量减少使用塑料袋，提倡骑自行车、步行等低碳出行方式，还可以推广可再生能源的使用，比如太阳能和风能。"

碳碳："听起来很有趣！通过小小的改变，就能为环保出一份力。"

福福："是的，碳碳！每个人都可以在自己的生活中采取低碳节能的措施，共同建设一个更加环保的地球。"

第二节　护福有法依

碳碳："人类真的很聪明。你经常说我飘逸不定，难以捉摸。科学家们现在搞出那么多'神器'，我走到哪儿，他们都知道。"

福福："碳碳，你现在可是名角了，许多国家领导人经常专门开会讨论你呢。"

碳碳："那可是咱俩的福分啊。如果大家都愿意关注我，我们就能够给大家带来更多的幸福体验，而不是极端天气。"

福福："人们对你的态度正在变化，比如一系列关于碳排放、碳中和的共识，已经被写到了各种制度文件里了。"

碳碳："这么说来，就像一首歌中所唱——我们的未来不是梦！"

福福："哈哈，你不要飞得太高，不要让追求'碳福'的人们太辛苦。"

碳碳："哈哈，'神器'快来追！"

碳福是中国实现"双碳"目标的必然成果。因此，实现"双碳"的法律法规、政策制度、战略规划等，均属于碳福保障制度。在此，我们分别从国际公约、国家法制和福建条例三个部分简要分享。

一、国际公约

多年来，国际社会已经形成了关于生态保护、绿色发展、降碳减排等事关可持续发展的重要共识，形成一些国际公约或章程，体现人类社会共构命运共同体的意愿（图 26）。

其中，1972 年 6 月在瑞典首都斯德哥尔摩召开的人类环境与发展会议，标志着人类对于全球环境问题及其对于人类发展所带来影响的认识与关注。但许多科学家认为，气候变化会造成严重的或不可逆转的破坏风险，而各国决策者需要掌握有关气候变化成因、其潜在环境和社会经济影

图 26　绿色低碳，是我们共同的目标

响以及可能的对策等客观信息。为此，世界气象组织和联合国环境规划署于 1988 年建立了政府间气候变化专门委员会，试图对世界全球气候变化做出全面、客观、公开和透明的评估。

1994 年 3 月 21 日生效的《联合国气候变化框架公约》，根据"共同但有区别的责任"原则，对发达国家和发展中国家规定的义务以及履行义务的程序有所区别，即发达国家要采取限制排放措施，并有义务资助发展中国家履行公约，发展中国家只承担提供温室气体源与温室气体汇的国家清单的义务，不承担有法律约束力的限控义务，为应对未来数十年的气候变化设定了减排进程。我国于 1992 年 11 月 7 日经全国人大批准加入《联合国气候变化框架公约》，自 1994 年 3 月 21

日起该公约在中国生效。

1997年，在日本京都召开的第三次缔约方大会，形成了《联合国气候变化框架公约京都议定书》，简称《京都议定书》。它首次以国际性法规的形式限制温室气体排放，在2008年至2012年间的第一承诺期，将主要工业发达国家的二氧化碳等6种温室气体排放量在1990年的基础上平均减少5.2%。其中，欧盟、美国、日本和加拿大分别削减8%、7%、6%和6%，东欧各国削减5%~8%；新西兰、俄罗斯和乌克兰可将排放量稳定在1990年水平上；爱尔兰、澳大利亚和挪威则比1990年分别增加10%、8%和1%。对包括中国在内的发展中国家并没有规定具体的减排义务。

2015年全球共178个国家在第21届联合国气候变化大会上签署《联合国气候变化框架公约巴黎协定》，成为到期的《京都议定书》的后续公约，其长期目标是将全球平均气温较前工业化时期上升幅度控制在2摄氏度以内，并努力将温度上升幅度限制在1.5摄氏度以内。

2020年9月22日，在第七十五届联合国大会一般性辩论上，中国国家主席习近平向全世界郑重宣布——中国"二氧化碳排放力争于2030年前达到峰值，努力争取2060年前实现碳中和"。习近平多次强调，"降低二氧化碳排放、应对气候变化不是别人要我们做，而是我们自己要做。实现碳达峰、碳中和是我国向世界作出的庄严承诺，也是一场广泛而深刻的经济社会变革，绝不是轻轻松松就能实现的。"[①]作为中国式现代化发展的重大战略决策，"双碳"行动事关中华民族永续发展和构建人类命运共同体。海内外舆论认为，这是中国应对气候变化的重要一步，必将对全球气候治理产生变革性影响。

二、国家法制

历史上，我国关于环境保护的律令早就有之。如秦朝的《田律》

---

① 习近平谈治国理政第四卷［M］.外文出版社，2022年，第363页。

规定：春天二月，禁止到山林中砍伐林木，禁止堵塞河道，不到夏季，禁止烧草作肥料，禁止采伐刚发芽的植物或捉取幼兽、鸟、卵和幼鸟，禁止毒杀鱼鳖，置陷阱和网罟捕捉鸟兽，到七月解除禁令。当前，我国保护生态环境的各级各类法律制度日臻完善。

（一）《中华人民共和国宪法》

《宪法》是国家的根本大法，主要从保护自然资源和进行生态环境治理的角度强调国家保护和改善生活环境和生态环境，防治污染和其他公害，组织和鼓励植树造林，保护林木（第 26 条），禁止任何组织或者个人用任何手段侵占或者破坏自然资源（第 9 条）。

（二）《中华人民共和国环境保护法》

《环境保护法》是国家关于环境保护和生态治理的实体法，是整个环境保护法律体系的主干。它强调一切单位和个人都有保护环境的义务，公民应当增强环境保护意识，采取低碳、节俭的生活方式，自觉履行环境保护义务；学校应当将环境保护知识纳入学校教育内容，培养学生的环境保护意识；国家通过建立、健全生态保护补偿制度；促进清洁生产和资源循环利用，减少污染物的产生；实行排污许可管理制度；推行环境污染责任保险等规范环境保护责任。此外，还规定了破坏环境的法律责任，根据情节轻重，包括罚款处罚，责令改正；限制生产、停产整治；责令停业、关闭；责令恢复原状；行政拘留；环境损害赔偿；构成犯罪的，依法追究刑事责任。

（三）《中华人民共和国大气污染防治法》

《大气污染防治法》明确由国务院环境保护主管部门或者省、自治区、直辖市人民政府制定大气污染物排放标准；对重点大气污染物排放实行总量控制，逐步推行重点大气污染物排污权交易；建立和完善大气污染损害评估制度；通过现场检查监测、自动监测、遥感监测、远红外摄像等方式，对排放大气污染物的企业事业单位和其他生产经营者进行监督检查。此外，还分别从燃煤和其他能源污染防治，工业污染防治，机动车船等污染防治，扬尘污染防治，农业和其他污染防治，重点区域大气污染联合防治，重污染天气应对等几个方面规范了大气污染防治的细则，明确了相应的法律责任。

（四）《民法典》《刑法》《治安管理处罚法》对破坏生态环境的约束性规定

《民法典》强调，民事主体从事民事活动，应当有利于节约资源、保护生态环境（第9条）。《刑法》第六章第六节设破坏环境资源保护罪，对各种严重污染环境和破坏自然资源的犯罪行为规定了相应的刑事责任。《治安管理处罚法》对与环境与资源保护有关的扰乱公共秩序、妨害公共安全、侵犯人身权利、财产权利、妨害社会管理等具有社会危害性但不予刑事处罚的行为规定了行政处罚措施。

（五）生态环境治理的相关规范性标准

此外，为了更好地推进环境治理和减少大气污染，我国还制定了一系列的管理办法和国家标准。比较有代表性的包括《环境标准管理办法》《全国环境监测管理条例》《工业企业环境保护考核制度实施办法》《大气环境质量标准》《大气污染物综合排放标准》。

（六）开展生态修复性司法

生态环境修复责任对于很多人而言，可能是比较陌生的概念。一些案例可以帮助大家理解这一新思路。所谓生态环境修复责任是指责任人依法负担的与其造成的生态环境损害相应的修复责任，旨在要求责任人通过行为修复、支付修复费用等方式尽可能地把受损的生态环境之价值功能修复至原本（即未受损害之时）或是法定的状态。作为一种新型的环境法律责任形式，生态环境修复责任集预防性、恢复性与赔偿性等多种法律功能于一身，以修复受损的生态环境为目标，是救济生态环境损害的重要法律机制。生态环境修复责任的实现包括多种途径，其中以司法途径的责任实现最为全面彻底。

福州市长乐区人民检察院督促保护闽江河口湿地国家级自然保护

区行政公益诉讼案，或许有助于大家理解生态修复性司法行为的性质、方式和作用。

2021 年以来，闽江河口湿地国家级自然保护区存在周边村民违法养殖、违章搭建、非法捕捞、弃置沉船、破坏周边古树名木生长环境等问题，对湿地生态环境和候鸟的栖息环境造成实质性破坏。

长乐区人民检察院（以下简称"长乐区院"）成立以检察长为办案组长的闽江河口湿地生态保护公益诉讼办案组，运用无人机开展实地调查核实，2021 年 4 月 22 日，长乐区院启动行政公益诉讼立案程序。依据《国家湿地公园管理办法》《福建省湿地保护条例》《福州市闽江河口湿地自然保护区管理办法》等规定，长乐区院于 2021 年 4 月 29 日与闽江河口湿地国家级自然保护区管理部门、区林业管理部门、属地镇政府等单位开展诉前磋商，公开送达检察建议 8 份，组织闽江河口湿地国家级自然保护区管理处、相关行政机关负责人、人大代表、群众代表召开诉前圆桌会议 2 场次，共同研究整治方案。

结果，湿地保护区管理处联合长乐区林业局、潭头镇政府投入专项修复资金 40 余万元，对湿地公园内违建的养鸭场、人行桥和影响古榕树群生长环境的设施进行拆除，影响鸟类栖息环境问题得到妥善解决，有效恢复了湿地原貌。同时，根据专业评估给予当地群众一定的经济补偿，妥善安置群众的生产生活。长乐区院以办案为契机，研究制定了《关于充分发挥检察职能服务保障闽江河口湿地生态保护实施意见》，构建闽江河口湿地生态检察保护长效机制。

生态修复司法的目标是依法维护生态环境，能恢复的就地恢复，难以恢复的，将处罚所得用于异地补种生态林木，从总量上维持或增加生态绿化面积。

三、福建条例

作为全国生态优等生，福建省通过立法、规划和制定行动纲要与方案等多种方式，巩固八闽大地业已形成的碳福成果，并不断丰富碳福内涵，唱响"福"文化的生态之音、时代之声。立法的核心是强化生态文明理念、加快绿色转型、实现终身追责、鼓励共同参与。

早在2018年9月30日，福建省第十三届人民代表大会常务委员会第六次会议通过了《福建省生态文明建设促进条例》（以下简称《条例》）。《条例》将生态文明建设明确界定为，树立尊重自然、顺应自然、保护自然的生态文明理念，坚定走生产发展、生活富裕、生态良好的文明发展道路，为建设美丽福建，实现人与自然和谐共生而从事的各项建设及其相关活动。

《条例》已经成为福建省共享碳福的重要地方性法规。它明确要求，福建省要努力发展生态经济，实现生产、消费、流通各环节绿色化、循环化、低碳化，加快绿色转型，推行生态产品市场化改革，运用经济手段进行环境治理和生态保护，建立体现生态产品价值的市场制度。

基于生态环境是最普惠的民生福祉这一基本理念，《条例》要求坚持用最严格制度保护生态环境。据此，县级以上人民政府应该将资源利用、环境治理、环境质量、生态保护、增长质量、绿色生活、公众满意程度等经济社会发展的生态文明建设指标以及生态文明建设重大目标任务完成情况纳入目标考核体系。对承担自然资源资产管理和生态环境保护工作的主要领导干部和有关负责人开展自然资源资产离任审计，审计结果以及整改情况作为考核、任免、奖惩领导干部的重要依据。同时，实行生态环境损害责任终身追究制。如果出现违背科学发展要求、造成生态环境资源严重破坏，将对负有领导责任的主要领导干部和有关负责人终身追责。

正如《条例》所称，生态文明建设是全社会的共同责任，应当充分发挥社会组织、公众和市场的作用，建立生态文明建设公众参与制度，鼓励和引导公民、法人和其他组织积极参与生态文明建设，并保障其享有知情权、参与权和监督权。因此，《条例》赋予全体社会成员，参与碳福实践，共享碳福的权利与义务。

以此为依据，2022 年 4 月《福建省十四五期间生态保护专项方案》正式开始实施。该方案对福建省碳达峰碳中和工作的有序推进做了详细安排，进一步强调绿色经济作为福建省经济社会发展新引擎的重要定位。同年 10 月，福建省人民政府发布《深化生态省建设打造美丽福建行动纲要（2021—2035 年）》，明确把碳达峰碳中和纳入经济社会发展和生态省建设整体布局，深入实施创新驱动发展战略，全面推进重点行业清洁生产和绿色化改造，推动能源清洁低碳安全高效利用，推进农业绿色循环发展，加大"福字号"绿色优质农产品供给，建设绿色、低碳、循环、高质量的现代经济体系等事关碳福建设的指导思想、战略定位、目标愿景、重大行动等重大事项。关于专项方案和行动纲要的核心内容，本书将在第五章中摘要介绍。

四、碳福问答：你听说过"绿色法治"吗？

碳碳："福福，我听到大家在谈论'绿色法治'，法治怎么还分颜色呢？"

福福："健全的生态法律制度不仅是生态文明的重要标志，更是生态保护的重要屏障。通过法律的力量来保护和维护生态环境，可以利用法律手段促使各方更好地履行环境保护的责任。有些人将其归纳为'绿色法治'，即更注重前期预防和修复环境损害，也让公众通过法律的角度认识到保护自然资源和生态平衡的重要性。"

碳碳："听起来很不错！那具体是怎么实现的呢？"

福福："实现绿色法治需要建立健全的法律体系，强化法规的制定和执行力度。而《民法典》《刑法》《治安管理处罚法》等法律文件中对破坏生态环境的约束性规定，为法治在生态保护方面提供了具体的法律依据。"

第三节 碳福有绿径

碳碳:"法律规定了哪些事不能做,那怎样才能真正造福于老百姓呢?"

福福:"这可是问到我的专业领域啦。我的使命就是给大家送福。我俩走到一起,就是要让人们体验一种新的生活方式,大家称它为'绿色生活方式'。"

碳碳:"那就不能乱砍树,而要多种树了。不过,应该不止这些吧。"

福福:"是啊,保护好绿水青山是实现碳福的基础。同时,还要想办法让更多的绿色生态产品的价值体现出来。人们不能饿着肚子种树、种草、养小鸟,也不能为了空气清新就把工业文明的成果都摒弃掉,工厂还得开,汽车还得跑,空调也要用,只不过要想办法节约能源,减少废弃物的排放,用专家的话说,就是发展绿色低碳循环经济。"

碳碳:"这可是新鲜事儿。让我们一起来看看,怎样才能实现绿色生活方式!"

党的二十大报告强调,在推进中国式现代化建设进程中,要推动经济社会发展绿色化、低碳化发展,加快推动产业结构、能源结构、交通运输结构等调整优化,为实现碳福指明了路径。

一、依托绿水青山创新碳福路径

除了将乐县的"碳票"当嫁妆一时传为美谈外,福建还有很多类似的趣闻,其中不乏国内首次或第一。它们无一例外地依托绿水青山这个碳福之本,创新绿水青山的价值实现机制。比如全国首例"蓝碳"赔偿渔业生态环境损害的案件执行;全国首个"蓝碳"基金问世;全国首张以海洋碳汇结算的"碳中和机票"亮相[1];"一元碳汇"首次在香港 2022 年国际环保博览会参展,签约的两家企业以 1 元/10 千克的标

---

① 林蔚.生态优等生的"蓝碳"实践——福建海洋碳汇发展观察[N].福建日报,2023 年 2 月 28 日,第 1 版。

准，购买公益板块的"一元碳汇"共计580余吨，用于实现2021年度的零碳足迹及2022年度氢能论坛碳中和。[①]

未来，福建可以依托绿水青山开辟更多的碳福绿色路径。

一是，依托丰富的绿水青山资源，引导市场开发生态资源类产品。如武夷山市依托优良生态和特色茶叶资源，大力发展岩茶产业，提升产品附加值。又如长汀县依托河田鸡、茶油、竹林、木材等特色农林资源，不断延伸相关产业链、价值链和供应链，形成生态资源品牌。

二是，发展生态旅游和特色文化产业，实现绿水青山的文化服务功能。如明溪的观鸟产业、武夷山国家森林公园生态旅游与《印象大红袍》演出结合的生态文旅的方式、永定土楼群文化旅游与永定丰富的温泉康养相结合的方式、上杭的古田会址红色文旅和梅花山公园游憩相结合的方式等。

三是，探索资源权益出让和生态补偿，促进"金山银山"的无形价值。绿水青山拥有生态系统中的生态调节服务功能，能够作为生态产品进入市场，参与交易和流通。比如将乐县的林权变碳票，便是点"绿"成"金"的典型。

四是，依托公共资源交易平台，加快建设完善全国碳排放权交易市场。逐步扩大市场覆盖范围，丰富交易品种和交易方式，完善配额分配管理。将碳汇交易纳入全国碳排放权交易市场，建立健全能够体现碳汇价值的生态保护补偿机制。健全企业、金融机构等碳排放报告和信息披露制度。完善用能权有偿使用和交易制度，加快建设全国用能权交易市场。加强电力交易、用能权交易和碳排放权交易的统筹衔接。发展市场化节能方式，推行合同能源管理，推广节能综合服务。

---

① 赖昊拓，陈玉红.跨境买碳汇吗？一元十千克！福建省人民政府门户网站，2022年12月19日，http://www.fujian.gov.cn/zwgk/ztzl/gjcjgxgg/xld/202212/t20221219_6080828.htm。

二、贯彻战略规划逐步实现碳福

在贯彻新发展理念，实现"双碳"目标，保障碳福的过程中，战略规划及其配套政策发挥着重要作用。特别是《中华人民共和国国民经济和社会发展第十四个五年规划和 2035 年远景目标纲要》和《中共中央国务院关于完整准确全面贯彻新发展理念做好碳达峰碳中和工作的意见》，描绘了我国绿色发展的远景（图 27）。

到 2025 年，绿色低碳循环发展的经济体系初步形成，重点行业能源利用效率大幅提升。单位国内生产总值能耗比 2020 年下降 13.5%；单位国内生产总值二氧化碳排放比 2020 年下降 18%；非化石能源消费比重达到 20% 左右；森林覆盖率达到 24.1%，森林蓄积量达到 180 亿立方米，为实现碳达峰、碳中和奠定坚实基础。

到 2030 年，经济社会发展全面绿色转型取得显著成效，重点耗能行业能

图 27 贯彻战略规划逐步实现碳福

源利用效率达到国际先进水平。单位国内生产总值能耗大幅下降；单位国内生产总值二氧化碳排放比 2005 年下降 65% 以上；非化石能源消费比重达到 25% 左右，风电、太阳能发电总装机容量达到 12 亿千瓦以上；森林覆盖率达到 25% 左右，森林蓄积量达到 190 亿立方米，二氧化碳排放量达到峰值并实现稳中有降。

到 2060 年，绿色低碳循环发展的经济体系和清洁低碳安全高效的能源体系全面建立，能源利用效率达到国际先进水平，非化石能源消费比重达到 80% 以上，碳中和目标顺利实现，生态文明建设取得丰硕成果，开创人与自然和谐共生新境界。

为此，要根据党中央的战略部署，全面推进经济社会发展向绿色转型，要着力"强化绿色低碳发展规划引领""优化绿色低碳发展区域

布局"'加快形成绿色生产生活方式"①。

三、提升碳汇能力增强碳福体验

提升碳汇能力是增强碳福的重要路径。自然资源部、国家发展改革委、财政部、国家林草局于 2023 年 4 月联合印发了《生态系统碳汇能力巩固提升实施方案》（以下简称《方案》）。它要求，在"十四五"期间基本摸清我国生态系统碳储量本底和增汇潜力，为实现碳达峰碳中和目标奠定坚实的生态基础。在"十五五"期间，则要不断完善生态系统碳汇调查监测评估与计量核算体系，持续巩固和提升生态系统碳汇能力，为减缓、适应气候变化和实现碳达峰碳中和目标做出贡献。②

《方案》明确巩固提升生态系统碳汇能力的四个方面重点任务。即守住自然生态安全边界，巩固生态系统碳汇能力、推进山水林田湖草沙系统治理，提升生态系统碳汇增量、建立生态系统碳汇监测核算体系，加强科技支撑与国际合作、健全生态系统碳汇相关法规政策，促进生态产品价值实现。

相应地，福建省委、省政府印发了《关于做好碳达峰碳中和工作的实施意见》和《2030 年前碳达峰实施方案》，提出"开展森林碳汇重点生态工程，增加森林面积和蓄积量，增强林业固碳能力"'健全林业碳汇开发机制"等任务举措。通过开展林业碳汇专项调查等方法，构建林业碳汇计量监测体系；建立林业碳汇交易机制，支持将碳汇减排量纳入碳交易体系，并将碳汇抵消比例从国家规定的不超过企业年度排放量的 5% 提高至 10%，激发林农保护、修复森林生态系统的积极性；鼓励各地和高校开展碳汇核算标准及碳汇项目方法学研究，指导三明、南平开发了"林业碳票"'一元碳汇"等，对发展碳汇场外交易模式进行了有益探索；出台实施《福建省大型活动和公务会议碳中和实施方案》，同时建设"八闽碳惠"APP 碳减排活动支撑平台；推广生态养殖，减少温室气体排放；推行

---

① 中共中央国务院关于完整准确全面贯彻新发展理念做好碳达峰碳中和工作的意见，2021 年 9 月 22 日。

② 《生态系统碳汇能力巩固提升实施方案》发布［EB/OL］.国家林业和草原局政府网，2023 年 4 月 24 日，https://www.forestry.gov.cn/c/www/zyxx/367743.jhtml。

绿色种植，提升作物固碳能力；引导低碳发展，推行减排固碳生产。

未来，福建省将紧紧围绕助力碳达峰碳中和目标，共同推动碳汇产品生态价值实现。一是启动福建省第二次林业碳汇专项调查，摸清资源现状，分析碳汇项目开发潜力。二是让落实"双碳"目标融入乡村振兴规划中。三是持续深化实施福建林业碳汇交易，完善碳汇开发、交易机制，引导各地积极开发符合国家自愿减排机制的林业碳汇项目，并支持将项目减排量纳入全国、福建碳市场抵消交易。四是探索建立林业碳汇补偿机制。五是持续推进农业减排固碳，增强"固碳释氧"能力，服务"双碳"目标。[①]

四、碳福问答：渔业碳汇啥意思？

福福："碳碳，大家在探索实现碳福的路径。对于福建这个海洋大省而言，渔业碳汇经常会被提起。它到底指什么呢？"

碳碳："渔业碳汇是指通过渔业生产活动促进水生生物吸收水体中的二氧化碳，降低大气中的二氧化碳浓度，进而减缓水体酸度和气候变暖的渔业生产活动的泛称，它能实现生态和经济的双赢。未来，福建省肯定会在这方面有大突破和大收获的。"

福福："那这意味着渔业养殖也能带来'绿色收入'吗？"

碳碳："没错！前面说了，全国首宗海洋渔业碳汇交易就在福建连江完成，它标志着我国海洋渔业碳汇交易领域实现'零的突破'。目前，福建在渔业碳汇基础研究、增汇关键技术、交易平台建设、场景应用等方面，已率先迈出了探索步伐。"

福福："那以后是不是就可以随便捕鱼了呢？"

碳碳："显然不是。渔业碳汇实际上相当于建立了一个渔业生态系统的'碳库'。支持渔业碳汇可以从选择可持续渔业产品开始，减少过度捕捞，为保护海洋环境出一份力。"

---

① 福建省林业局关于省十四届人大一次会议第1317号建议的答复，闽林函〔2023〕95号。

第五章　展望：碳燃"福"文化

图 28　福文化因碳而燃

碳碳："福福，我们在福建的旅程中不仅发现了林业碳票、'碳汇贷'，还了解了渔业碳汇等生态文明的实践。这些举措和创新，让我对自己的认识发生了很大变化。"

福福："现在你理解了碳不再是单纯的排放物，而是可以转化为有价值的资源，我们要让有'石'字旁的碳也燃烧起来！"

碳碳："没问题！我随时准备去点燃'福'文化。让大家看到碳福也璀璨。"（图 28）

福福："从此人们不仅知道红色是'福'文化的底色，还会发现绿色、蓝色,甚至黑色也能成为'福'文化装饰。"

碳碳:"没错,因为我们碳有绿、蓝、黑之分,期待这一天早点到来,那时的'福'文化将变得更加丰富多彩。"

生活中能够被点燃的是"炭"而非"碳"。但点燃生态文明中的"福"文化的正是"碳"。经常上网的朋友对"燃"字新用法应该不陌生。"燃"字在第七版《现代汉语词典》中的注解是:动词,①燃烧,②引火点着。2017年至今,经过网民们的共同努力,动词"燃"字已经出现了"形容词词性",如"超燃""很燃",常常表示令人亢奋、青春热血、场面震撼、惊险刺激等意义。①因此,"福"文化因碳而"燃",实际上指的是随着国家"双碳"行动计划和打造生态省的"美丽福建"行动纲要的贯彻实施,"福"文化将因生态文明建设的新成就而更加令人振奋和欢欣,碳福的普遍性越发显现。

第一节 "双碳"打造普惠福祉

碳碳:"福福,我们在福建走了一圈,现在该坐下来好好学习一下关于碳达峰和碳中和的文件,了解一下未来的碳减排计划。"

福福:"对啊,碳碳,这对我们理解福建未来的生态发展和我们小精灵的工作也很重要。"

碳碳:"首先要看看国家的文件,找找碳达峰和碳中和的具体计划。"

福福:"嗯,我查到了《中共中央国务院关于完整准确全面贯彻新发展理念做好碳达峰碳中和工作的意见》和国务院印发的《2030年前碳达峰行动方案》,我们先从这两份政策文件开始学习吧。"

碳碳:"你看,这里写道,多年来,党中央着重解决损害群众健康的突出环境问题,加快改善生态环境质量,让老百姓呼吸上新鲜的空

---

① 安慧敏."燃"字的形容词词性探究[J].学语文,2018年第5期,第94-95页。

气、喝上干净的水、吃上放心的食物、生活在宜居的环境中，切实感受到经济发展带来的环境效益，不断提升群众的生态环境获得感、幸福感、安全感。"

福福："太好了，这不就是我们要实现的碳福吗？"

当前及今后相当长一段时间内，实现碳达峰碳中和的"双碳"行动成为直接决定碳福水平的关键因素。因此，本节对"双碳"行动的时间表、路线图、施工图及其关键目标等进行解读。目前，福建省落实习近平总书记的重要指示，已将碳达峰碳中和纳入生态文明建设整体布局，加快建设碳福满盈的新福建。

一、"双碳"旨在谋福

2022年1月24日，中央政治局组织集体学习，聚焦"双碳"主题。习近平总书记明确表示："减排不是减生产力，也不是不排放，而是要走生态优先、绿色低碳发展道路，在经济发展中促进绿色转型、在绿色转型中实现更大发展。"[①] 作为一场深刻的社会系统性变革之举，"双碳"行动旨在立足全人类的未来，促进人们改变工业文明时代形成的以化石能源消费为根本依赖的生产、生活方式，通过向绿色转型，寻求更大的发展、更可持续的幸福。

正如《寂静的春天》等科普著作所描述的，大量的化学农药的使用、先污染后治理的老办法、只索取不回报自然的唯利是图的资本思维，已经给人类社会的生存环境带来了严重的后果。继续走西方工业化老路，只有少数人能够获得幸福感，大多数人将因为环境污染和极端气候的加剧而陷入痛苦。在一个峰值上控制碳排放，实现碳的排放与吸收的中和，体现天人合一、人与自然和谐共生的生态文明理念，受益者是整个人类社会。因此，我们说，"双碳"是一场造福之举，它

---

① 习近平主持中共中央政治局第三十六次集体学习并发表重要讲话［EB/OL］．中国政府网，2022年1月25日，https://www.gov.cn/xinwen/2022-01/25/content_5670359.htm。

以全人类为受益对象。

放眼世界，中国的生态治理已经开始福泽全球。截至 2022 年底，全球新增绿化面积四分之一来自中国。我国成为全世界森林资源增长最多最快的国家。[1] 中国引领全球绿化事业发展所取得的巨大成就，赢得国际社会的赞誉。"三北"工程被国际社会尊称为"世界生态工程之最"，成为全球生态治理的成功典范；塞罕坝林场建设者荣获联合国环保最高荣誉"地球卫士奖"。中国积极履行《联合国防治荒漠化公约》，加强国际合作，为全球生态治理不断贡献"中国方案"，彰显负责任大国形象。

最重要的是，绿色在中国广袤大地上不断延展，点"绿"成"金"之梦正在实现，碳福日益普遍。福建人民因为先行先试的福缘，得以率先体验到碳福之美。

二、"双碳"追求永福

"实现碳达峰、碳中和，是以习近平同志为核心的党中央统筹国内国际两个大局作出的重大战略决策，是着力解决资源环境约束突出问题、实现中华民族永续发展的必然选择。"[2] 这种谋求永福的行动选择由以下三个阶段性目标构成（图 29）。

图 29 "双碳"的阶段性目标令人鼓舞

---

① 姚亚奇.我国成为全球生态治理典范［N］.光明日报，2023 年 6 月 22 日，第 1 版。

② 中共中央国务院关于完整准确全面贯彻新发展理念做好碳达峰碳中和工作的意见，2021 年 9 月 22 日。

到 2025 年，绿色低碳循环发展的经济体系初步形成，重点行业能源利用效率大幅提升。单位国内生产总值能耗比 2020 年下降 13.5%；单位国内生产总值二氧化碳排放比 2020 年下降 18%；非化石能源消费比重达到 20% 左右；森林覆盖率达到 24.1%，森林蓄积量达到 180 亿立方米，为实现碳达峰、碳中和奠定坚实基础。

到 2030 年，经济社会发展全面绿色转型取得显著成效，重点耗能行业能源利用效率达到国际先进水平。单位国内生产总值能耗大幅下降；单位国内生产总值二氧化碳排放比 2005 年下降 65% 以上；非化石能源消费比重达到 25% 左右，风电、太阳能发电总装机容量达到 12 亿千瓦以上；森林覆盖率达到 25% 左右，森林蓄积量达到 190 亿立方米，二氧化碳排放量达到峰值并实现稳中有降。

到 2060 年，绿色低碳循环发展的经济体系和清洁低碳安全高效的能源体系全面建立，能源利用效率达到国际先进水平，非化石能源消费比重达到 80% 以上，碳中和目标顺利实现，生态文明建设取得丰硕成果，开创人与自然和谐共生新境界。

不难看出，"双碳"行动所带来的幸福不是一时的，而是中华民族乃至全人类长期的可持续的幸福，它体现了中国党和政府为人类谋永福的坚定决心。

三、"双碳"全面造福

从"双碳"行动原则和行动构成中，我们可以清楚地看到，中国的"双碳"行动是全国一盘棋、各行各业共同努力的全面造福攻坚战。

（一）"双碳"造福原则

2021 年 9 月 22 日，《中共中央国务院关于完整准确全面贯彻新发展理念做好碳达峰碳中和工作的意见》明确，实现碳达峰、碳中和目标，要坚持"全国统筹、节约优先、双轮驱动、内外畅通、防范风险"原则。

其中，全国统筹指全国一盘棋，强化顶层设计，发挥制度优势，实行党政同责，压实各方责任。同时，不搞"一刀切"，结合实际分类施策，鼓励主动作为、率先达峰。目前福建省等生态优等生正在为率先达峰而努力。

节约优先原则，强调把节约能源资源放在首位，实行全面节约战略，持续降低单位产出能源资源消耗和碳排放，提高投入产出效率，倡导简约适度、绿色低碳生活方式，从源头和入口形成有效的碳排放控制阀门。它为每一个普通公民参与"双碳"行动提供了最有效的路径。

双轮驱动原则旨在实现政府和市场两手发力，在构建新型举国体制，强化科技和制度创新，加快绿色低碳科技革命的同时，特别强调发挥市场机制作用，形成有效激励约束机制。

内外畅通原则关注的是如何统筹国内国际能源资源，推广先进绿色低碳技术和经验；统筹做好应对气候变化对外斗争与合作，不断增强国际影响力和话语权，坚决维护我国发展权益。

防范风险原则要求各级党委和政府在"双碳"行动中，处理好减污降碳和能源安全、产业链供应链安全、粮食安全、群众正常生活的关系，有效应对绿色低碳转型可能伴随的经济、金融、社会风险，防止过度反应，确保安全降碳。曾经有一段时间，个别地区以"双碳"为名，采取简单粗暴的方式，对工厂、企业和居民区进行拉闸限电，造成人民群众对"双碳"行动的误解，受到了党中央和国务院的批评。

（二）碳达峰十大行动

为了分阶段实现"双碳"目标，国务院制定了《2030年前碳达峰行动方案》，将碳达峰贯穿于经济社会发展全过程和各方面，重点实施能源绿色低碳转型行动、节能降碳增效行动、工业领域碳达峰行动、城乡建设碳达峰行动、交通运输绿色低碳行动、循环经济助力降碳行动、绿色低碳科技创新行动、碳汇能力巩固提升行动、绿色低碳全民行动、各地区梯次有序碳达峰行动等十大行动。

图 30　绿色低碳，风起"福"到

行动一：能源绿色低碳转型。从任务表述中可发现，煤电项目将被严格控制，有序淘汰，而风力和太阳能发电将得到大力鼓励，到 2030年，风电、太阳能发电总装机容量达到 12 亿千瓦以上，人们的幸福感将倍增（图 30）。水电、核电等将根据具体的环境影响和技术安全可控等因素，合理开发利用。而散煤将逐步被替代，直至禁止煤炭散烧。

行动二：节能降碳增效。它对科技开发提出许多要求。因为节能降碳主要依靠两个路径：一是加强能耗监测能力，借助合理的能源计量体系，有效开展对高能耗企业的节能监察；二是通过技术手段，改造高能耗高排放（即通常所谓"两高"）企业的设备，推广先进高效产品设备，加快淘汰落后低效设备。

行动三：工业领域碳达峰。工业是产生碳排放的主要领域之一，对全国整体实现碳达峰具有重要影响。工业领域要加快绿色低碳转型和高质量发展，力争率先实现碳达峰。重点是优化工业结构，加快传统产业绿色低碳改造，坚决遏制"两高"项目盲目发展。如大力推进非高炉炼铁技术示范。

行动四：城乡建设碳达峰。城市更新和乡村振兴都要落实绿色低碳要求。比如，推动城市组团式发展，科学确定建设规模，控制新增建设用地过快增长；杜绝大拆大建；建设绿色城镇、绿色社区；发展节能低碳农业大棚。推广节能环保灶具、电动农用车辆、节能环保农机和渔船。

行动五：交通运输绿色低碳。它涉及运输工具、运输体系和基础设施三方面的低碳绿色转型。如积极扩大电力、氢能、天然气、先进生物液体燃料等新能源、清洁能源在交通运输领域应用；积极引导公众选择绿色低碳交通方式等。

行动六：循环经济助力降碳。行动目标明确，细致。比如，到2025年，城市生活垃圾分类体系基本健全，生活垃圾资源化利用比例提升至60%左右；到2030年，城市生活垃圾分类实现全覆盖，生活垃圾资源化利用比例提升至65%。

行动七：绿色低碳科技创新。该行动旨在发挥科技创新的支撑引领作用，完善科技创新体制机制，强化创新能力，加快绿色低碳科技革命。主要内容是：完善创新体制机制、加强创新能力建设和人才培养、强化应用基础研究、加快先进适用技术研发和推广应用。

行动八：碳汇能力巩固提升。一是巩固生态系统固碳作用；二是提升生态系统碳汇能力。到2030年，全国森林覆盖率达到25%左右，森林蓄积量达到190亿立方米；三是加强生态系统碳汇基础支撑。如建立生态系统碳汇监测核算体系；四是推进农业农村减排固碳。如，提升土壤有机碳储量，实施化肥农药减量替代计划等。

行动九：绿色低碳全民行动。一是加强生态文明宣传。普及碳达峰、碳中和基础知识；二是推广绿色低碳生活方式。提升绿色产品在政府采购中的比例；三是引导企业主动适应绿色低碳发展要求，强化环境责任意识。四是强化领导干部培训。各级党校（行政学院）要把碳达峰、碳中和相关内容列入教学计划，分阶段、多层次对各级领导干部开展培训等。

行动十：各地区梯次有序碳达峰。该行动要求各地科学合理确定有序达峰目标，因地制宜推进绿色低碳发展，上下联动制定地方达峰方案，组织开展碳达峰试点建设。

"十大行动"是实现 2030 年碳达峰的关键之举，它将全面改变人们的生产、生活方式，丰富人们对幸福生活的认识，让每个人都能感受到碳福的遍在性。

四、碳福问答：为何限制"两高"产业？

福福："碳碳，你听说过'两高'吗？"

碳碳："当然，高血压，高血糖，很多人因此失去了幸福感。"

福福："嗨，也对。不过，我说的'两高'是未来绿色产业转型中的高能耗、高排放的产业。它们如果不转型，可能就真的不幸福了，还会影响别人的幸福。"

碳碳："这可是'双碳'十大行动中的重点与难点。"

福福："很多人是观念上一时转不过来。毕竟，这么长时间都是这种生产方式，资本主义国家还因此谋取了暴利呢。"

碳碳："也许，真的需要有更多的科学家开展科普，写出类似于《寂静的春天》这样的科普著作，让大家对生态环境保护的重要性有切肤之感。"

福福："是啊。很多人就是读了美国科普作家蕾切尔·卡森的这部著作，才意识到过度使用化学药品和肥料导致环境污染、生态破坏，最终给人类带来不堪重负的灾难。所以，现在很多人进超市购物，都关心农药残留有没有超标，如果标有'生态'字样，大家就会更放心。"

碳碳："记得卡森说，人类用自己制造的毒药来提高农业产量，无异于饮鸩止渴，人类应该走'另外的路'。对于'两高'产业而言，可能也到了走'另外的路'的时候。"

福福："是的，我很喜欢书里的一句话：'只有认真地对待生命的这种力量，并小心翼翼地设法将这种力量引导到对人类有益的轨道上来，我们才能希望在昆虫群落和我们本身之间形成一种合理的协调'。这就是人和自然应有的关系。"

第二节　生态立省碳福满盈

碳碳："福福，听说福建推动'生态省'建设又有新行动，是真的吗？"

福福："完全正确。生态立省是福建的重大发展战略，目前这里的生态省建设已经走在全国前列了。新行动是指正在实施的生态省专项规划，共7个方面、87项重点工作、10项重点工程。"

碳碳："这么庞大的系列工程啊！他们想做些什么呢？"

福福："涉及社会发展、生产、生活的方方面面。比如建立完善财政、投融资等政策保障体系，持续提升森林、海洋、农业碳汇能力；打造绿色低碳产业体系，全力推进生产绿色化，强化节能降碳增效，健全绿色低碳创新体系，提升生态旅游、绿色金融等现代服务业绿色发展水平，等等。"

碳碳："听起来，内容太丰富了，不如我们来划些重点吧。"

一、"生态省"铺就碳福路

改革开放四十多年来，人们已经形成一个共识："要致富，先修路"。建设生态省的战略，在福建的绿水青山之间铺就一条碳福之路。早在 2000 年，时任福建省省长的习近平同志就极具前瞻性地提出"生态省"建设战略，为福建生态文明建设谋篇布局，留下了宝贵的思想财富、精神财富和实践成果。生态文明建设的思想与成果与"福"文化的碰撞，为传统"福"文化注入生态文明的丰富内涵。

在建设国家生态文明先行示范区和全国首个国家生态文明试验区的过程中，福建的生态省建设步入快车道，成为全国唯一的水、大气、生态环境全优和全省所有地级市人均 GDP 超过全国平均水平的省份，新福建建设迈出新步伐。

根据习近平总书记 2021 年在福建考察时作出的重要指示，福建省制定了新时期坚持生态省战略、深化国家生态文明试验区建设的行动指南，坚定不移地实施生态省战略，把碳达峰碳中和纳入生态省建设布局，努力建设人与自然和谐共生的现代化，实现生态文明建设新进步，谱写美丽中国的福建篇章，让绿水青山永远成为福建的骄傲。

二、"双碳"优势赋能碳福

党的十八大以来，福建经济总量已有三次跨越：2013 年跨越 2 万亿元、2017 年突破 3 万亿元、2019 年登上 4 万亿元。福建因此兼具全国经济发达省份和全国碳排放总量、强度双低省份的绿色经济优势。作为全国生态文明建设领先省份，福建有条件为全国"双碳"行动创造经验、提供示范，构建碳中和先行示范区，率先建成美丽中国福建示范区，率先实现人与自然和谐共生的现代化。生活在其中的人民群众则完全有理由率先深度共享碳福。

在此，借用中国碳排放数据库（CEADs）2018 年碳排放空间分布数据[①]，帮助大家更加直观地了解福建开展碳达峰、碳中和行动的空间优势。

优势一：排放总量低。全国范围内，碳排放总量排名中，福建排名第 16，排放总量为 2.61 亿吨、低于全国平均水平；优势二：排放强度弱。全国总体碳排放强度为 1152 千克/万元，福建居排放强度倒数第 5，排放强度 676 千克/万元、为全国均值的 58.7%；优势三：控碳压力较小。北京、上海、福建等属于全国控碳总量和强度双低的省份，控碳工作压力较小。

正是以上优势，为福建全面实现碳福提供了充分的信心和足够的空间。

---

① 朱四海，雷勇.2030 年前碳达峰的福建路径探索|福建省［EB/OL］.新浪网，2022 年 1 月 4 日，https://finance.sina.com.cn/esg/zcxs/2022-01-04/doc-ikyamrmz3015424.shtml。

三、"美丽福建"福气连绵

绿色是中国实现"双碳"目标的产业转型方向,更是美丽福建的社会、经济和"福"文化发展的底色。围绕党的十九大提出的2035年基本实现美丽中国目标,福建省于2022年10月公布了《深化生态省建设打造美丽福建行动纲要(2021—2035年)》(以下简称《行动纲要》)。《行动纲要》基准年为2020年,近期为2021—2025年,中远期为2026—2035年。

《行动纲要》的五个基本原则中,有四个原则以不同方式强调了"生态原则"。如,第一条原则是"坚持生态优先、绿色发展",第三条则进一步明确"坚持生态惠民、共建共享"。值得注意的是,《行动纲要》将碳达峰碳中和战略视为"重大机遇"之一,称其为"美丽福建"注入了绿色动力。[①] 因为福建省碳排放强度在全国处于较优水平,新能源产业发展潜力巨大,"绿碳""蓝碳"资源丰富,生态碳汇功能良好,有条件在"双碳"战略中抢占先机。

落实"双碳"战略能够倒逼传统产业转型升级,催生绿色经济新技术新业态。目前"双碳"已经充分融入"美丽福建"的《行动纲要》中,主要表现为以下五大战略定位:一是定位为践行习近平生态文明思想的国际展示窗口。二是定位为全面实现绿色低碳循环发展的先行标杆。三是定位为探索生态产品价值实现机制的省域样板。四是定位为海峡两岸绿色深度融合发展的实践典范。五是定位为新时期生态文明制度改革创新行动先锋。

无论是《行动纲要》的原则,还是战略定位;无论是统筹污染治理、生态保护、应对气候变化,还是做大做优做强数字经济、海洋经济、绿色经济、文旅经济,其最终的目标均是积极探索促进绿色低碳共同富裕的有效路径,持续增进民生福祉,打造福山、福水、福地、福气的幸福家园,整个《行动纲要》充盈着"福"文化元素。

---

① 深化生态省建设打造美丽福建行动纲要(2021—2035年)[R].福建省人民政府网站,2022年10月,http://www.fujian.gov.cn。

四、碳福问答：要绿色也要经济吗？

碳碳："福福，你有没有注意到，生态省并不只是环境保护和绿化，它还涉及数字经济、海洋经济等。该如何解释呢？"

福福："生态省就是经济社会和生态环境都能够协调发展的省份，在建设过程中各个领域都要达到可持续发展的要求，力求在经济社会发展中最小化资源环境代价，同时最大限度地发展。"

碳碳："那就是要实现绿色和经济两手抓。"

福福："也可以这么理解，所以福建要实现生态省就要做大做强四种经济：数字经济、海洋经济、绿色经济、文旅经济。"

碳碳："绿色经济我在前面了解过了，这个数字经济和海洋经济是什么意思呢？"

福福："数字经济强调运用数字技术，包括大数据、人工智能、云计算等，来提高经济效益、促进创新和产业升级。海洋经济是指通过海洋资源和海洋空间进行经济活动的一种经济形式。它包括渔业、航运、沿海旅游、海洋能源等多个领域。"

碳碳："看起来数字经济和海洋经济都是未来经济发展的重要方向。"

福福："是的，碳碳。数字经济的发展可以推动各行业的数字化转型，而海洋经济则是充分利用海洋资源，促进沿海地区的可持续发展。数字经济和海洋经济的发展不仅可以提升福建的产业水平，还有助于实现经济与生态的双赢。"

第三节　"福"文化因碳而燃

碳碳："福福，我发现人们对碳碳更友善了，从过去的'谈碳色变'到现在的'有碳有福'，我心里真是美滋滋的。"

福福："因为人们开始认识到碳虽然在一些方面对环境产生了负面影响，但在生态系统中也有很多积极的作用。尤其随着人们对气候变化和环境问题的关注，大众开始传递'有碳有福'的理念。也就是说，碳不仅是一种能源，还是生命的基础。在生态系统中，碳通过各种生物体之间的相互作用，形成了生态平衡。"

碳碳："守得云开见月明，我终于等到被大家认可这一天！现在大家都明白，碳在植物中通过光合作用吸收二氧化碳，释放氧气，为生命提供了基础的养分。同时，碳还在土壤中形成有机质，促进土壤肥沃。"

福福："所以说，'有碳有福'强调的是在合理利用碳的同时，要更好地保护和理解碳在生态系统中的重要性。"

碳碳："希望大家能够很快认识碳福，使用碳福，爱上碳福。通过更科学、更全面的认知，人们可以更好地平衡碳的利用和环境保护，实现碳的合理循环利用，为地球的生态平衡贡献力量。"

当前，以"双碳"行动战略为核心的生态文明建设已经让许多地方政府、企业、群众深切感受到不同以往的幸福感。这种幸福，不再是建立在对自然的单向索取的基础上，而是以低碳、节碳、降碳的绿色为基调，探索人与自然和谐共生的新型"福"文化内涵，它是对传统福文化的传承与创新。

一、从谈碳色变到有碳有福

传统的"福"文化源自原始文明，发展成熟于农业文明，丰富于工业文明。工业文明创造了前所未有的财富，同时制造了史无前例的环境污染，对人类未来构成严重威胁。其中，"碳"成为问题的焦点，似乎成为影响人们幸福生活的罪魁祸首。人们谈碳色变，干旱归咎于它，暴雨迁怒于它，"温室效应"归因于它。此时此景，碳福何谈？

如今，越来越多的人已经清醒地意识到，碳本无过。只是因为人们过度地挖掘、开采和使用深藏地球深处的煤炭、石油等含碳资源，同时大量砍伐森林、过度放牧、填埋沼泽、围海造田等，破坏"碳库"，导致大量含碳物质，不能被有效吸收，被排放到空气中"无家可归"，成为笼罩在地球上空的"碳大棚"。因此，实现碳达峰、碳中和已经成为影响整个人类社会共同福祉的重大行动目标。

"造福"是中国传统福文化中最高的价值追求，也是福建"福"文化的最高形式。中国的党和政府秉持"良好生态环境是最公平的公共产品，是最普惠的民生福祉"[①]这一重大理念，制定"双碳"战略，实施"十大行动"，就是要更大范围内更大程度上提升民生福祉，它既是"为官一任，造福一方"的中国传统福文化的传承，更是"为人类谋永福"的时代之举。因此，生态文明建设中的福文化无法避碳不谈，也可以说"有碳有福"。正是从这个意义上，我们将在"双碳"行动中形成的新型幸福称为碳福。

二、"两山"成绩单见证碳福

福是国人共同的愿景，集体的无意识，并沉淀为一个庞大而深邃的文化体系。人们对神奇的自然现象，发达的人文、美好的事物、现象、心理诉求，统统归结为福。"福"文化是一种影响深远且广大的价值观，是各民族风情和精神情感的凝结，是不断创造和丰盈的、鲜活而开放的文化系统，可谓无处不福、无时不福。[②]

翻看《2023年福建省人民政府工作报告》，人们可以更加清晰地发现，福建省作为全国生态优等生，践行"绿水青山就是金山银山"的理念，交出一份优异的"两山"成绩单，可谓碳福满盈。比如，生态文明指数全国第一、"长汀经验"成为世界生态修复典型、森林覆盖率连续44年保持全国第一、80%以上行政村成为"绿盈乡村"。[③]

优异成绩单投射出的是天更蓝、山更绿、水更清，"清新福建"更加靓丽的幸福画面，它构成了八闽大地最具普惠性的生态福祉，彰显碳福的遍在性和共享性。

---

① 习近平生态文明思想研究中心.建设人与自然和谐共生现代化的行动指南［N］.人民日报，2023年6月5日，第9版。

② 福建省政协文化文史和学习委员会、福建省炎黄文化研究会编.福建的传统福文化［M］.海峡出版发行集团、福建人民出版社，2022年，第2页。

③ 赵龙.2023年福建省人民政府工作报告［N］.福建日报，2023年1月20日，第1版。本小节数据均引自该报告。

三、积蓄碳能燃爆"福"文化

为民造福是中国共产党人的神圣使命，也是各级政府的"最重要政绩"，"让现代化建设成果更多更公平惠及全省人民"①是福建省政府向全体人民做出的承诺。而绿色是福建发展的鲜明底色，也是福建人民引以为傲的靓丽名片。从已经公布的"美丽福建"建设规划中，人们有理由相信，未来的福建将尊重自然、顺应自然、保护自然，持续协同推进降碳、减污、扩绿、增长，建设成美丽中国示范省，绿水青山将永远成为福建的骄傲。"福"文化随之而绿、因之而"燃"，势不可挡。

如今，"机制活、产业优、百姓富、生态美"②的新福建宏伟蓝图已经绘就，实现蓝图的三个阶段，正是碳福不断引燃"福"文化的过程。在此，我们对三个阶段的"碳能"积蓄做一个分析，看其是否真正具有引燃"福"文化的热度。

第一次"碳能"积蓄是 2021—2025 年间，对应的蓝图目标是"美丽中国示范省建设取得重大进展"。代表性成果是"出门见绿、推窗望绿、四周环绿"的美丽风景线随处可见。

第二次"碳能"积蓄是 2026—2030 年，对应的蓝图指标是：美丽中国示范省基本建成。代表性成果是，形成一批具有山海特色、创新性、示范性的生态产品价值实现改革成果，优良生态成为群众增收的增长点。

第三次"碳能"积蓄是 2031—2035 年，对应的蓝图指标是：美丽中国示范省全面建成。令人向往的前景是，美丽河湖、美丽海湾全域覆盖，空气清新、繁星闪烁、绿水长流、鱼翔浅底、鱼鸥翔集成为八闽大地的常态；美好生活品质全民普惠共享。步步有景、村村有韵、鸟语花香、绿意葱茏的美丽城乡画卷广泛铺展。

如果说第一次"碳能"的积累期间，作为生态优等生的主人，大

① 赵龙.2023 年福建省人民政府工作报告［N］.福建日报，2023 年 1 月 20日，第 1 版。
② 深化生态省建设打造美丽福建行动纲要（2021—2035 年）［R］.福建省人民政府网站，2022 年 10 月，http：//www.fujian.gov.cn。

家可能对满眼绿色有些审美疲劳，那么第二次"碳能"积累期间，当人们看到土著鱼类在畅游，生态成为自己的收入增长点时，或许会忍不住点一个"赞"，或者夸一句"燃"。即使大家仍矜持，不以为"燃"，那么第三次"碳能"积累后，全省人民普惠共享更美好生活，美丽城乡画卷在八闽大地全面铺展时，碳福是不是可以真的成为点燃"福"文化的时代之光呢？

不如，大家先品一品碳福之茶，听听两位小精灵有什么样的悄悄话。

四、碳福问答：谁能率先体验碳福？

碳碳："福福，不知不觉中我们已经走完了'碳福'之旅，没想到绿水青山里藏有这么多'福'文化。"

福福："是啊，'福'文化本来就是丰富多彩。当它邂逅生态文明后，就更加熠熠生辉。"

碳碳："不过，我发现也有人担心，'碳福'能不能持久呢。"

福福："这也不奇怪。当幸福来临时，人们便不一定能马上体验到，只有那些走在前面的人，认真思考和观察的人，会首先感受到幸福。现在需要认真总结生态文明试验的成果，让更多人认识到'碳福'深藏在绿水青山里，它既需要被发现，也需要被呵护，当然，还需要被理解。否则，你这个碳碳少不了要受委屈。"

碳碳："下次谁再欺负我，看不起我，我就说他'没文化''不知福'。"

福福："哈哈，小心眼儿可不属于'碳福'之人。不过，到福地洞天走一圈，看到了福建的美丽风景，了解到福建人民为生态环境保护所做的努力。我现在也更加理解人们为什么常说，生态文明建设是实现'美丽福建''幸福福建'的必由之路。作为小精灵，我们也要为传播生态文明不断做点什么。"

碳碳："我建议，再来一次说走就走的深度游，重返八闽大地，再探'碳福'奥秘！"

福福："立刻出发！相约2035！"

后记　邂逅碳福

当我们明白碳为何物，认识到碳不可怕、碳可中和而且有价时，会不会对碳产生一点好感呢？当我们理解福是人类共同的追求，可曾想到生活中随处可见的碳也能够带来幸福呢？的确如此。我们倡导绿色低碳理念，正是要创造一种新型的幸福生活，即生态文明时代的幸福。为此，大家需要改变生活方式、生产模式和发展理念，每一次的变化，都离不开"碳"字，就像生活中不可缺乏"福"字一样。"碳"和"福"成为生态文明建设中形影相随的两个字。本书的两个小精灵"碳碳"和"福福"正是因此而相逢、相识和相融，为我们带来生态文明时代特有的碳福，这是一种深藏于绿水青山中的"福"文化的新载体。

共享碳福及其文化，是一个渐进的过程。作为一种新型的幸福体验，碳福是在建设生态文明的具体实践中的一种获得感和幸福感。将乐县常口村的村民们长期坚持写好"山水田"三篇文章，他们在儿女婚嫁时能够用"碳票"作嫁妆，为新时代的婚恋之福注入生态特色；武夷山的竹筏艄公和茶农们为了让老祖宗留下的自然遗产永续相传，牺牲眼前利益，传承着福荫子孙的"福"文化精神；宁德渔民们的生态养殖、厦门鼓浪屿的零碳排放、漳州东山岛的《树缘》传唱，龙岩长汀的红壤披绿、妈祖故里的蝶变，争先恐后地为"福"文化添加着绿色、低碳的新注脚；走上美丽"福道"的福州人，守在紫云深处的唤鸟人，光影小镇的老年摄影队，嵩口古镇的返乡青年，都分享着生态立省战略的生态红利……"山海画廊、人间福地"越来越多的普通群众，开始品尝到"碳福"的滋味，这是生态省独有"福"文化。

福是中国人集体意识和情感认同中最执着的守望。[①] 生态文明实践本身就是造福的过程，生态文明实践的成果同样应该体现在人民群众的幸福生活中，丰富"福"文化的内涵。碳福作为生态之福，体现了"福"文化的开放性和时代性。它深藏于绿水青山中，既包含了传统的"五福"之义，又表达了人民群众对"绿水青山就是金山银山"的高度认同和向往；既是对福建省实施"双碳"行动的肯定，更是对"六个福建"的美好期待；既满足了个体幸福需求，又超越个体，成为一种共享之福；既崇尚惜福、传福，更强调奋斗徼福、为全人类谋永福。

碳福，作为本书的创作者们对福建生态文明实践的集体认同，也许尚需要更为严谨的论证，方能形成理论。作为一本社会科学普及读本，本书旨在充分展示福建人民在生态文明建设中的幸福感。如果能以碳福来表达我们对长期践行"绿水青山就是金山银山"重大理念的广大干部群众的尊敬与祝福，则本书的撰写与出版便有了意义。如果因为碳福引发更多的专家学者、群体、组织和企事业单位对生态文明建设的关注与讨论，那么本书的作者便会由衷感到幸福。因为这正是本书作者的初心所在。

本书的创意源于 2022 年上半年一次"车厢讨论"。当时全体课题组成员乘火车前往福建省龙岩市参观习近平同志栽种的"生态之树"，调研乡村社会治理。同行的有谢西娇、胡剑锋、谢欣颖和林晖。碳福一词便是大家讨论的结果。

最终大家决定使用碳福这个概念。因为，一方面，"碳"是生态文明建设中的一个核心名词，低碳、减碳、降碳、碳排放、碳吸收、碳固化、碳达峰、碳中和等与碳相关的名词令人目不暇接。"碳"已经成为"生态福"中的关键词。既如此，我们将这种幸福进一步与"碳"

---

① 福建省政协文化文史和学习委员会、福建省炎黄文化研究会编 . 福建传统福文化［M］. 海峡出版发行集团、福建人民出版社，2022 年，第 12 页。

关联，进而对究竟什么是碳，碳到底怎么了，它与人类是什么关系等基本问题加以普及性探讨，也许更能吸引社会公众的关注；另一方面，传统"福"文化中经常使用谐音，比如受福建方言的影响，"福"文化中以"壶""虎"预示"福"的现象非常普遍，至今影响广泛。您看长乐"福"文化公园里就有一把大"壶"，高9米、宽15米；福清市的平安建设的吉祥物则是一只"虎"。同样，碳福的读音与"叹服"相同，课题组以此表达对福建人民践行"绿水青山就是金山银山"重要理念的感叹与佩服，向生态文明建设的一线干部群众致敬。

大家觉得，开展理论探讨的同时，如果能够结合福建各地干部群众开展"双碳"实践的具体案例，用生活在绿水青山中的普通人的生活变化、亲身体验和所思所想，借助通俗的语言，撰写一本科普著作，既能够履行学者的科普责任，也能促使我们更深入地走进乡村、社区和百姓家庭，向生态文明建设的一线群众学习。经过数月的准备，我们非常幸运地得到了专家们的肯定，获准立项2023年度福建省社科普及出版资助项目。

本书由陈春彦教授主笔并统筹，胡剑锋教授多次参与讨论并撰写第四章，林晖老师为调研工作做了周到细致的安排，重点撰写了第三章的大部分内容；谢欣颖老师负责全书的"碳福问答"与第二章部分内容的撰写，大家共同对文稿进行了校对。特别感谢吴海薇老师为本书设计了"碳碳"和"福福"两个IP形象，并绘画了全部的插图。感谢我们的优秀毕业生谢梦娟同学创作有趣的表情包，并协助海薇老师完成绘图。我们要感谢所有协助调研的朋友。限于篇幅，恕不能一一列举各位的尊姓大名，由于种种考虑，大多数接受调研的朋友默默做了贡献，未能在书中充分体现，在此一并致谢。最后，感谢福建省社科联学会部（社科普及部）和评审专家的宝贵意见，感谢中国轻工业出版社对本书的支持。

我们深知，从事科普有着高标准的知识要求，因此在撰写过程中，强调轻松表达的同时，始终秉承严谨治学的态度，未敢有丝毫懈怠。

我们深知，"绿水青山就是金山银山"的理念已经在全国各地开花结果，这本书只是全国生态文明大树上的一片绿叶，希望每一片绿叶都能为碳福贡献自己的绿能。

我们深知，从工业文明向生态文明转型是一个漫长的过程，人们对生态文明的认知也将日益精进，而作者的知识和能力很可能落后于时代的进步。

因此，我们随时准备接受读者的批评与指正。

陈春彦

2024 年 3 月 25 日